北方卷叶藓（*Ulota crispa*）

虎尾藓（*Hedwigia ciliata*）

狭叶并齿藓（*Tetraplodon angustatus*）

大拟垂枝藓（*Rhytidiadelphus triquetrus*）

金发藓（*Polytrichum commune*）

长叶青藓
（*Brachythecium rotaeanum*）

羽裂同蒴藓
（*Homalothecium pinnatifidum*）

匐灯藓（*Plagiomnium cuspidatum*）
（幼嫩孢蒴）

匐灯藓（即将成熟的孢蒴）

匐灯藓（成熟孢蒴）

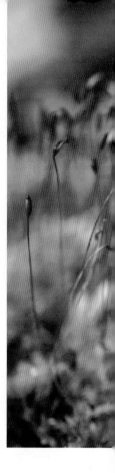

喜铜缺齿藓（*Mielichhoferia elongata*）

角齿藓（*Ceratodon purpureus*）（买买提明·苏莱曼 摄）

泥炭藓（*Sphagnum palustre*）

泥炭藓（具孢蒴）

曲尾藓（*Dicranum scoparium*）

平藓属（*Neckera*）

蛇苔（*Conocephalum conicum*）

卷毛藓（*Dicranoweisia crispula*）

砂藓属（*Racomitrium*）

四齿藓（*Tetraphis pellucida*）的芽胞

树羽藓（*Dendroalsia abietina*）树生居群（圈内黄色具柄结构为孢子体）

苔藓森林

〔美〕罗宾·沃尔·基默尔 著

孙才真 译　张力 审订

商务印书馆
The Commercial Press
创于1897

Gathering Moss: A Natural and Cultural History of Mosses
by Robin Wall Kimmerer

This edition was published by The Commercial Press Ltd. in 2022

by arrangement with Oregon State University Press.

献给我的家人

推荐序

　　苔藓植物不像花草树木，它们个子细小、结构简单，不会开花结果，虽然生活在我们周边，包括城市和郊野，但大多数人很少注意到它们，好像与我们无关。

　　其实，它们与我们关系密切！罗宾·沃尔·基默尔的名作《苔藓森林》就为我们了解苔藓搭建起了一座桥梁，引导你走进神秘的苔藓世界！

　　基默尔是美国纽约州立大学环境生物学杰出教学教授，也是原住民与环境中心（Center for Native Peoples and the Environment）的创始人兼主任。她是印第安原住民的后裔，一位母亲、科学家、作家和社会活动家。她早期的学术生涯以研究苔藓为主，涵盖苔藓生态学、繁殖生物学、生态恢复等领域。随后，她逐渐将关注点转移到更广阔的领域，包括原住民、传统文化、民族植物学、生物多样性、可持续发展等方面。她著述甚丰，出版过两本书，其中于 2013 年出版的《编结茅香：来自印第安文明的古老智慧与植物的启迪》（*Braiding Sweetgrass: Indigenous Wisdom, Scientific Knowledge and the Teachings of Plants*）

成为畅销书，为她赢得广泛赞誉；她撰写过许多关于苔藓生态学、生态恢复、传统文化、可持续发展等领域的研究论文和科普文章，接受媒体采访，并到很多地方做巡回演讲。值得一提的是，她曾于 2015 年在联合国大会上做了题为"治愈我们与自然的关系"（Healing Our Relationship with Nature）的演讲。

《苔藓森林》是她的第一本书，于 2003 年出版，包括 19 篇相对独立的文章，又多少相互关联。她巧妙地将严谨的科学内容——这些内容主要来自她自身做过的研究和观察——结合环境、历史、文化，加上个人反思，讲述了苔藓的方方面面：它们的生物学特性、生存策略、用途，在与无数其他生物（包括人类）交织形成的网络中，如何相互影响，包括好的影响和坏的影响，让人受到启迪，展开思考，我们该以什么样的方式生存，如何与自然共处。也因为这本书，她于 2005 年获得约翰·巴勒斯杰出自然写作奖章（John Burroughs Medal for Outstanding Nature Writing）。

作者在书中展现了科学家所具备的好奇心和非凡的观察力。在描述如何开展苔藓调查研究时，极为细致、有趣，娓娓道来，完全不觉科研的枯燥，读者甚至可以当作研究指南，进行重复或开展类似的实验。书中的案例基本上都是源于作者自身的研究和观察，按照科学研究的规律，从发现问题、提出假说，到实验验证、得出结论，较为完整地展示了各个环节。例如，在第 7 章"弥合创伤：苔藓与生态演替"中，作者描绘了操作简单但充满创意的实验，发现金发藓在生态恢复中担当重要的角色；在第 11 章"景观中充满机遇"中，为了解答鞭枝曲尾藓无性小枝的传播之谜，她和学生以蛞蝓和花栗鼠为对象开展了有趣的"赛跑"实验，找出了真相。

多个世纪以来，殖民者对作者的祖辈们施加迫害，破坏了他们世世代代居住的家园，剥夺了他们赖以生存的土地，导致口口相传的智慧以及与自然和谐共处之道日渐消亡。身为原住民后裔，作者尤感痛心和惋惜！她呼吁后辈们行动起来，担负起传承的责任和义务。在第 14 章"那只红色运动鞋"中，她反思原住民所遭遇的不幸，文化的割裂与故土的远离带来的那种铭心刻骨的伤痛至今难以愈合，让读者感同身受。

作者文笔优美，描述生动，善于表达内心最真切和精微的感受。在第 16 章"匿名雇主"中，她尤为生动地描绘了一位"爱苔藓的"匿名富人邀请作者作为专业顾问，为一项"生态恢复项目"提供专业意见。其实该项目本质上并非真正意义上的生态恢复，而是从野外采挖苔藓并移栽到他想要的地方。虽然该富人始终隐匿不见，但他自私、虚荣和短视的态度，对自然规律视之无物，导致对苔藓的破坏，不啻为一种沉痛的反讽！其实，哪里都不乏类似的人。

向一般读者科普苔藓知识，通常会很直接：苔藓是什么？有多少科属种？结构有什么特点？它们有什么用？与其他生物关系如何？等等。但本书却完全跳出了此手法，这无疑得益于作者的多重身份。她把细小的苔藓也写出了温度。

读完此书，我想你会爱上苔藓，外出时会开始特别留意它们，让我们的生命与苔藓产生联系，增加一个认知世界的苔藓维度。

张力

2022 年 1 月于深圳仙湖植物园

目 录

苔藓森林

前言

戴上"苔藓色眼镜"看世界

记忆中,我对"科学"这个词(又或者说是"宗教"?)开始有认知是在幼儿园的课堂上,那堂课安排在老旧的农业保护者协会大厅(Grange Hall)。那天下了那一年的第一场雪,醉人的雪花飘落,我们都争着去看,鼻子凑到结了霜的窗户上。霍普金斯小姐(Miss Hopkins)是一位非常有智慧的老师,她丝毫没有压抑这帮五岁孩子对初雪的兴奋,还带我们走到外面去。我们穿着棉靴,戴着连指手套,把她围在白白软软的雪地中间。霍普金斯小姐从又大又深的口袋里,拿出了一个放大镜。我永远都不会忘记自己第一次透过那个放大镜看到的雪花——雪花在霍普金斯小姐海军蓝羊毛外套的袖子上闪闪发亮,就像午夜天空中的星星。放大十倍看,一片雪花的结构竟是那样复杂,细节竟是那样丰富,让我惊奇不已。我被牢牢吸引住了。像雪花这么小、这么普通的东西怎么会这么美!我的眼睛根本离不开那片雪花。直到现在,我都清晰地记得那一瞥给我带来的惊奇和神秘感。那是我第一次感到，世界远不是我们肉眼所见的那样，它广大得多，时至今日我也常常有这样的感觉。看着雪花轻轻落在树枝上、房顶上，我有了新的理解：每一片雪地都裹藏着一个由璀璨水晶构成的宇宙。这近乎神秘的关于雪的知识令我为之倾倒。那个放大镜和那片雪花唤醒了我，标志着我真正开始看见。我头一回模模糊糊地意识到，凑近看，这个原本就非常美妙的世界还可以更加迷人。

学着观察苔藓这件事，与我第一次用放大镜看雪花的记忆交织在一起。正是在一般认知所不能及之处，潜藏着美的另一个层次。这个层次就在一小片叶里，它像一片雪花那样微小而又结构完美；就在那些肉眼看不见的生命里，它们复杂而美丽。想要来到这一层，只需要特别留心，并学会如何观察。我发现苔藓是我们与自然风景建立亲密接触的载体，它们就像是森林的秘密知识。这本书，就是一份邀你深入自然风景的请柬。

距离我第一次看苔藓已经过去三十多年了，这么多年来，我的脖子上几乎每天都挂着手持放大镜。放大镜的挂绳已经和我急救包上的皮绳缠在了一起，这既是现实意义上的缠结，也是隐喻层面的羁绊。我拥有的关于植物的知识源于很多东西，它们源于植物本身，源于我所接受的科学训练，源于我对自己血液中流淌着的波塔瓦托米（Potawatomi）传统知识的天然亲近。在我还没上大学学习植物分类的很长很长的时间里，我一直把植物当作我的老师。读大学时，看待植物生命的两种视角——主观的和客观的、精神的和物质的——交互共存，就像

苔藓森林

我脖子上纠缠在一起的两根挂绳。大学里上的植物学专业课，使我所知道的关于植物的传统知识变得边缘化。而撰写这本书，就是一个重新审视的过程，一个为两种知识确立合理地位的过程。

远古流传下来的故事中描述了那样一个时代：万物共用一种语言，无论是鸫鸟、树木、苔藓，还是人类。但这种语言早已被遗忘了。于是我们去看，去观察每种生命的生活方式，以此来了解彼此的故事。我之所以想讲苔藓的故事，是因为它们的声音太少被听到，而我们从它们身上又可以学到很多。它们传递着值得被听到的重要讯息，那是来自人类以外的物种的声音。我身体里那个科学家身份的自己想要了解苔藓的生命，讲述苔藓的故事，科学为此提供了一种强有力的方法。但这还不够。这同时也是一个关于"关系"（relationship）的故事。我和苔藓花了很长的时间了解彼此，建立起我们之间的关系。在讲述它们的故事时，我开始戴上"苔藓色眼镜"看世界。

按照传统的原住民认知方式，只有当我们的大脑、身体、情感和精神都对一个事物有了认知，我们才能说自己理解了这个事物。而按照科学所规定的认知方式，理解一个事物只是基于来自外界的实证信息，由身体收集，再经大脑解读。要讲好苔藓的故事，这两种方式我都需要，客观的和主观的。书中的这些文章也意在为两种方式都提供发声的舞台，让物质和精神携手前行。有时候，它们甚至可以共舞。

1

伫立的巨石

夜晚，赤脚走在这条小路上，柔软的泥土贴合着足弓。我差不多这样走了20年了，这20年就好像我人生的大半。我通常不打手电筒，任凭小路指引，在阿迪朗达克（Adirondack）荒野[1]的黑暗中，走回我的小屋。脚触土地，就像手抚钢琴，响起一支来自记忆深处、带着松针和沙土气息的美丽的歌。我太熟悉这里了，我知道怎样小心地越过那棵糖槭旁的粗大树根，带蛇每天清早都会在那里晒太阳。我曾在树根上重重地磕过脚趾，所以印象深刻。山脚下，雨水冲刷着小路，我绕道走进路旁的蕨类植物丛，好避开路上尖利的碎石。小路攀升，伸向光滑的花岗石，越过岩脊。岩石里还储藏着阳光的温暖，从我的

1　阿迪朗达克荒野位于美国纽约州东北部，于1892年被确立为阿迪朗达克州立公园，是美国首批州立公园之一，也是美国本土面积最大的荒野保护区。著名的黄石国家公园、大峡谷国家公园等几个国家公园面积之和，也不及阿迪朗达克州立公园大。公园内根据具体地理环境和功能划分为荒野区、划艇游览区、原始森林区、野生森林区等几类区域，在此基础上又细分为多个管理单元，如五大湖荒野（Five Ponds Wilderness）、高山荒野（High Peaks Wilderness）、克兰伯里湖（Cranberry Lake）等。这里的地貌是冰川作用的结果。——若无特殊说明，本书脚注均为译者注

脚底蔓延至全身。剩下的路就很好走了，沙地、草地，再就是我女儿拉金（Larkin）6岁时踩过大黄蜂蜂巢的地方，以及茂密的条纹槭树丛——在这里，我们遇到过角鸮一家，当时角鸮宝宝们在树枝上站成一排，正香甜地睡觉。再走下去，就要到我的小木屋了。在那里，我能听到春雨的涓滴，我能闻到春天的潮润，我能感受到渐渐增大的湿度在脚趾间弥漫。

　　第一次来这里的时候，我还是个本科生，在克兰伯里湖生物研究站忙着完成野外生物学（field biology）课程的结业研究。就是在这里，我头一回认识了苔藓。我脖子上挂着标准配置的"沃尔兹"科学实验用手持放大镜，每天跟着凯奇博士（Dr. Ketch）[1] 在树林里穿梭。放大镜是我从研究站储藏室借来的，挂绳已经蹭得黑乎乎的。这门课程结束后，我从自己大学期间攒下的本就不多的积蓄里拿出一部分钱，买了一个凯奇博士用的那种博士伦牌专业级手持放大镜。那时我便知道，我迷上苔藓了。

　　毕业后，我回到克兰伯里湖，做了一名教师，并最终成为生物研究站的主任。直到现在，我带领学生在克兰伯里湖周围小径做野外观察时，依然戴着这个放大镜，用一根红绳穿着。这么多年过去，我的工作和生活没有什么变化，这里的苔藓也

1　凯奇博士，全名埃德温·H.凯奇里奇（Edwin H. Ketchledge, 1924—2010），美国纽约州立大学环境科学与林学院教授，杰出的植物学家、保护生物学家。他于1967年出版的《阿迪朗达克高山区域的森林和树木》(*Forests and Trees of the Adirondack High Peaks Region*)是一本经典的阿迪朗达克地区野外观察手册。

苔藓森林

像我一样没有什么变化。凯奇博士当年带领我们走"塔楼小径"（Tower Trail）观察到的小金发藓（*Pogonatum*）斑块还在那里生长着。每年夏天我都要停下来仔细观察一番，感叹它的生生不息。

过去的几个夏天，我都在研究石头，观察苔藓如何在巨石（boulder，指冰川漂砾）上聚集，想试着发现苔藓群落形成的秘密。每一块巨石都像一座荒凉的孤岛，静静地停泊在挤挤挨挨的森林中。只有苔藓以它们为家。我和我的学生们都想知道，为什么在一块巨石上有 10 种甚至更多种苔藓共生，而在旁边另一块看起来一模一样的巨石上，却只有一种苔藓独自生存。什么样的条件可以催生具有丰富多样性的群落，而不是单一种群？其中的原因很复杂，苔藓自己恐怕也弄不清楚，更不用说人类了。而这个夏末，我们要发表一份简明的报告，阐释我们研究石头和苔藓的学术成果。

冰河时期的巨石遍布阿迪朗达克山脉，这些巨石是一万年前冰川留下的磨得浑圆光滑的花岗岩。巨石上布满苔藓，让森林看起来更具野性，我也由此意识到周遭的景观发生过多么大的变化。这些巨石曾经搁浅在冰川冲蚀沉积而成的荒芜平原上，如今它们周围却环绕着郁郁葱葱的槭树林。

大部分巨石高度只到我肩膀，但有的很高，我得爬梯子上去才能做全面的观察。我和学生们用卷尺测量巨石的周长，记录光照和酸碱度，统计巨石上的裂缝数量，量出表层薄薄的腐殖土的厚度。我们仔细地记录所有生长于此的苔藓的位置和名字：曲尾藓（*Dicranum scoparium*）、棉藓（*Plagiothecium denticulatum*）。学生们忙不迭地记下一长串名字，嘴上喊着为什么没有短些的名字。然而苔藓大多都没有俗名，因为关注它们的人实在太少。它们只有学名，伟大的植物分类学家卡尔·林奈（Carolus Linnaeus）早已为植物订立了一套国际通行的学术命名体系。出于对科学的浓烈兴趣，甚至林奈自己的本名、他的瑞典母亲为他取的名字 Carl Linne，也被拉丁化了。[1]

这里的很多巨石都有名字，人们把它们作为湖边区域的地标：椅子石、海鸥石、火焦石、大象石、滑梯石……每一个名字都能引出一个故事。每当我们叫出它们的名字，都会与这里的过去和当下产生联结。我的女儿们从小在这样的环境里长大，她们天然地认为所有的石头都有名字，还自己发明了好些名字：面包石、奶酪石、鲸鱼石、读书石、潜水石……

为石头或其他事物取什么样的名字取决于我们的视角：站在圈里或是圈外。我们嘴上念着的名字，反映出我们对彼此的了解有多少，所以我们总会用充满爱意的私密称呼来呼唤自己爱的人。而我们给自己取的名字，则是一种强有力的自我宣示，是对自我独立性的声明。站在圈外，苔藓拥有学名也许已经足够；但是站在圈内，它们会怎么称呼自己呢？

克兰伯里湖生物研究站的一个优势是，它每一年的夏天都没有什么变化。这就好比我们每年六月都穿上同一件衣服，比如一件褪色的法兰绒衬衫，上面还带着上一个夏天木头燃烧的

1　更有可能的原因是，18 世纪瑞典学者的姓名常拉丁化。

烟火气息。这里是我们生活的基调，是我们真正的家园，是这个世界诸多变化之中的一个常数。每个夏天，森莺都会在餐厅旁的云杉上筑巢。每到七月中旬，蓝莓成熟之前的时节，一头熊总会在营地附近晃悠，饥肠辘辘地找东西吃。海狸像上了发条的钟表，总在日落前 20 分钟游过研究站前面的码头。早晨，雾气总是散得很慢，依依不舍地在熊山（Bear Mountain）南边缭绕。当然，也会有些小插曲。在特别寒冷的冬天，冰有时候会悄悄带走岸上搁浅的木头。有一次，一段银白色的老木头就被带走了——上面伸出的侧枝好似苍鹭的脖颈——它跟着冰往下游移动了 60 英尺 [1]。还有一个夏天，黄腹吸汁啄木鸟原本栖息的枯杨树在一场狂风中折断了树顶，它们只好住到了另一棵树上。不过，这些小插曲中也有着某种熟悉的旋律：海浪是怎样在沙滩上留下痕迹，湖泊是怎样从平静如镜到涌起 3 英尺高的波浪，大雨来临前杨树的叶子总要在风中哗啦啦地响很久，夜晚云的式样是如何预告着第二天会起什么样的风……我的身体和这片土地亲密无间，从中我找到了力量和安慰。这是一种知道每一块石头的名字的感觉，是知道自己在这个世界上栖居何处的安心。在这片荒野，在克兰伯里湖岸，我内心的风景就是这片土地的完美映像。

所以，今天看到的一切让我很惊讶。这里原本有一条熟悉的小路，它从我的小屋门前延伸出来，顺着湖岸一直往下，大

1　1 英尺 = 0.3048 米。

概有几英里长。可是眼下，路被挡住了。我迷失了方向。我深吸一口气，四下张望，好确定自己仍然在那条曾经的小路上，而没有走到晦暗不明、难以看真切的陌生地带。这条小路我走过无数次，然而直到今天我才把它看清楚：这里有五块巨石，每一块都有校车大小；它们靠在一起，棱角相嵌，好像多年的夫妻温情相拥。一定是冰川将它们推到一处，形成了这样充满爱意的造型。我绕着它们静静地走，手指触摸着它们身上的苔藓。

在东边，岩石间的暗影里有一处洞穴一样的开口。不知道为什么，我就是知道它在那里。很奇怪，我以前从未见过这扇"门"，但此刻它看起来非常熟悉。我们家是波塔瓦托米部落熊族（Bear Clan of the Potawatomi）的后裔。熊掌握着对人类至关重要的药学知识，它们与植物有着特别的关系，能叫出所有植物的名字，知道每一棵植物的故事。人们会向熊求取预言，以找到自己应当去履行的使命。我想，我在追寻的，就是一头熊。

这里的一切仿佛都已经警觉起来，每一个毛孔似乎都在侦察外来者的踪迹。我身处一个安静得有些异常的小岛，时间仿佛岩石一般滞重。不过，当我摇了摇头，眼前变得清晰时，我便又听到了熟悉的浪花拍打湖岸的声音，还有橙尾鸲莺在上空叽叽喳喳的鸣唱。我不由自主地走向那个洞穴，然后手脚并用地爬进那片黑暗，在我上方，就是数吨重的岩石。我想象着发现一头熊的巢穴。我往前爬，胳膊擦过粗糙的岩石。转过弯，身后的光亮就彻底不见了。洞穴里的空气凉凉的，没有熊的气味，只有松软的地面和花岗岩的味道。我用手摸索着继续向前，

苔藓森林

但我其实也不知道为什么要向前。前面的路向下倾斜，地面上是干燥的沙子，好像雨水从未抵达过这里。再往前，转过一个拐角，洞穴开始向上延伸。前方有穿过森林的绿光透进来，于是我继续前进。我猜自己是爬过了这片巨石下的一条隧道，马上要来到另一头了。我从隧道里挤出来，却发现自己根本没有置身于森林。我来到了一小片草地上，环绕四周的是坚固的石壁。这是一间石室，光从上方打进来，使得这间石室就像一只望向蓝天深处的眼睛。火焰草正在盛开，草香碗蕨沿着石壁底部长成一圈。我处在一个环形的空间里。除了我来时的通道，再没有任何开口，而且就连刚才的入口似乎也在我身后闭合了。我再望向四周，竟然看不到任何出口了。一开始，我很害怕，但脚下的草在阳光下散发着暖暖的香气，石壁上的苔藓间滴落着水珠。奇怪的是，我还能听到外面树林间橙尾鸲莺的叫声，我仿佛身处一个海市蜃楼般正在消散的平行宇宙，只有这片布满苔藓的石壁围绕着我。

在巨石的环抱中，我发现自己不知为何游离在思维和感觉之外。这些岩石充满了意图性，是一种吸引着生命的深沉的存在。这是一个力量之所，通过一种很长的波段振动进行能量交换。在岩石的注视之下，我的存在得以被认可。

这些岩石已经不知道在这里挺立了多长时间，也没有必要再用坚固来形容它们，但它们却不得不臣服于那柔软的绿色之息——苔藓销蚀着它们的表面，一点一点地让岩石重归于土，这些绿色的生命像冰川一样强大。苔藓和岩石之间进行着一场远古的对话，这对话一定是诗，关于光亮，关于暗影，关于大陆的漂移。就是这样的诗，被称为"苔藓生于石上的辩证——一种巨大与微小、过去与现在、柔软与坚硬、沉静与波动、阴与阳的交汇"[1]。在这里，物质与精神共生。

对科学家来说，苔藓群落或许仍然是神秘的存在，但苔藓自身却彼此了解。作为亲密的伙伴，苔藓熟知岩石的轮廓。它们记得水流过裂隙的路线，就像我记得回到小木屋的路一样。站在这个圆圈里，我知道，在林奈双名法出现的很久很久以前，苔藓就拥有属于自己的名字。时间啊，流逝不停。

我不知道自己出神了多久，是几分钟，还是几个小时。那段时间里，我对自己的存在没有了感知。只有岩石和苔藓，苔藓和岩石。仿佛有一只手温柔地放在我的肩上，让我重新回到了自己的感知当中，向四周望去。我回过神来。我又能听到橙尾鸲莺在上方歌唱了。环绕四周的岩石上有各种各样的苔藓，石壁光彩照人，我再次看到它们，就好像是第一次看到。此时此地，绿色的、灰色的苔藓，新的、老的苔藓，仿佛在冰川之间栖居一处。我的祖先知道，岩石记录着地球的故事，有一瞬间我听到了它们的讲述。

这时，我脑子里的想法吵闹起来，烦人地嗡嗡叫，扰乱了石头之间安静缓慢的谈话。石壁上的门又出现了，时间也开始流动。进入这石头环绕之所的入口被创造之时，便给予来者一

---

1 Schenk, H. *Moss Gardening*, 1999. ——原书注

苔藓森林

份馈赠——我能以不同的视角来看待事物了，既从圈内，也从圈外。随之而来的，还有一个使命。我完全无意于命名这里的苔藓，给它们冠以"林奈式名称"。我想我从这里得到的使命是，告诉人们苔藓拥有自己的名字。我们不能只用数据来描述苔藓的生命与存在。它们提醒我们，这个世界上有很多秘密不是量尺能够测量的，提出问题、找出答案的逻辑在岩石和苔藓的内在真实面前无足轻重。

　　出来的时候，隧道似乎没那么难走了。现在我已经知道自己要往哪里去。我回头看看巨石，然后踏上了那条熟悉的回家的小路。我知道，我正在追寻一头熊。

2

学会去看见

在万米高空飞行了四个小时后，我终于深深陷入洲际飞行的恍惚中。在飞机起飞和降落之间，我们个个都进入了待机状态，仿佛人生章节按下了暂停。偶尔看向窗外，阳光耀眼，地上的一切风景都变成了扁平的图像，连绵的山脉缩聚成大陆表面的一道道皱纹。显然，接下来的航程里，还会有更多的风景和故事在高空之下的大地上展开。黑莓在八月的阳光下成熟；不知是谁家的女儿带着行李箱，在门廊上犹豫要不要离开；有人打开了一封信，信笺之间滑出一张令人万分意外的照片。可惜飞机速度太快，我们离那些风景太远，除了自己的故事，我们什么别的故事也捕捉不到。一旦我不再看向窗外，那些故事便隐入下方绿色和褐色的二维地图中了。就好像你瞥见一条鳟鱼忽然消失在一段突出的河岸投下的阴影里，而当你继续看向河水，一切却平静如初，让你怀疑自己看花了眼。

我戴上刚配的眼镜。但眼睛还没适应，依然没法正常阅读。我哀叹着自己步入中年的视力——纸页上的文字时而看得清，时而又变模糊——以往轻易就能看到的东西，怎么现在就看不

　　　　　　　　　　　　　　苔藓森林

到了呢？我徒劳地逼自己看见明明就在眼前的东西，这让我想起第一次去亚马孙雨林的旅程。当地向导耐心地指给我们看，鬣蜥正在一根树枝上休息，或者犀鸟正透过树叶盯着我们。他们的眼睛总是在观察，对他们来说，一切都在眼前，而我们却几乎什么也看不到。没有一定的观察训练，我们就无法把某种光影呈现出的样式识别为鬣蜥，眼前的风景也就一直不会被我们看见，这太令人沮丧了。

作为"目光短浅"的人类，我们既没有猛禽远距离精准捕猎的天赋，又没有家蝇与生俱来的全景视野。不过，我们拥有比其他生命都强大的大脑，至少可以知道自己视野的局限。凭借人类罕有的谦逊，我们知道还有太多东西是人类看不到的，也因此创造出许多非凡的方式来观察这个世界。红外卫星图像、光学望远镜和哈勃太空望远镜让我们的视界变得极其广大，电子显微镜让我们能够在自身细胞的微宇宙中漫步。但在宏观与微观之间的正常范围里，我们的肉眼却看不到更多东西，反倒变迟钝了。我们可以借助复杂的技术看到目力所不及的东西，却对那么多触手可及、闪闪发亮的事物视若无睹。我们以为自己在认真地看，实际上只是浮光掠影。我们肉眼的敏锐性似乎已经退化了，不是因为眼睛出了什么问题，而是因为心灵变得粗粝。是技术的力量让我们不再相信自己的眼睛吗？还是我们开始对那些不需要技术，只需要时间和耐心就能感知的东西不屑一顾？专注力，仅仅专注力，就能令最好的放大镜黯然失色。

还记得是在奥林匹克半岛的里亚尔托海滩（Rialto Beach，

Olympic Peninsula），我第一次看到了北太平洋。作为一个在内陆做研究的植物学家，我特别期待看到海的那一刻。在前往海边的路上，我不顾车轮卷起的尘土，伸长脖子四处张望。我们抵达的时候，一切都笼罩在厚厚的灰蒙蒙的雾气里，树木掩映其中，潮湿的空气在我的头发上结成液滴。如果天气晴朗，我们就会看到原本预期看到的景色：布满岩石的海岸，茂密的森林，还有一望无际的大海。但是那天，空气浑浊，只有在巨云杉从云雾中露出尖树顶的间隙，才能看到背景里的海岸山脉。我们只能通过海浪的轰鸣声来确认，海就在蓄潮池的后方。神奇的是，在海洋这广袤存在的边缘，世界仿佛变得很小很小，浓雾隐去了一切，只能看见眼前的一小段距离。我压抑已久的想看到海岸全貌的渴望忽然聚焦在了眼前可见的事物上——海滩和周围的蓄潮池。

在一片灰蒙蒙之中漫步，我们很快就看不见对方了，同行的朋友们像幽灵一样消失在几步之外的地方。透过雾气，我们的声音含含混混地交织在一起：谁喊着自己发现了一块堪称完美的鹅卵石；谁又叫着自己发现了一枚完整无缺的蛏子壳……我仔细研读过这里的野外观察指南，预计本次行程我们"应该"会在蓄潮池里看到海星，这将是我第一次见到活的海星。之前我只在动物学课上看到过一只干制标本，所以我一直特别想看自然栖息环境中的它们，看它们"在家"的状态。我在贻贝和帽贝间搜寻海星的踪影，但一只也没找到。蓄潮池内壁吸附着藤壶，还有样子奇异的藻类、海葵和石鳖，这样丰富的物种足

　　　　　　　　　　　　　苔藓森林

以让一个初次探访蓄潮池的人心满意足了。可蓄潮池里没有海星。在岩石间穿行，我边走边收集有着月亮颜色的贻贝碎片，还有小小的形状特别的漂流木残片。我一路都低着头看，把这些小玩意儿放进口袋。只是，我还是没有看到海星。我有点灰心，直了直腰，放松一下酸痛的背部。就在这时，我忽然看到了一只亮橙色的海星，紧紧地附着在我眼前的一块岩石上。然后，仿佛一道帘幕在我眼前拉开，突然到处都是海星了，它们如同星星，一颗一颗地显现在夏夜晴空。橙色的星星在黑石的裂隙中闪耀；紫红斑点的星星伸展着五条触手；紫色的星星依偎在一起，就像一个抱团御寒的大家庭。在这一连串的发现中，看不见的忽然变成了看得见的。

我熟悉的一位夏安族（Cheyenne）长老曾告诉我，发现某种东西的最佳方式是不去寻找它。这对一个科学家来说恐怕很难理解。但他说，张开你的眼睛，让更多的可能进入视野，你要寻找的自然就会显现。这突然的显现——看到自己刚才还看不到的东西——对我来说是一种近乎神圣的体验。回想那些瞬间，我仍然能体会到视界忽然打开的那种巨浪涌动的感觉。由于忽然的看见，那道横亘于我的世界与另一个生命的世界之间的界限消失了，这是一种谦卑又快乐的体验。

突如其来的视觉感知在某种程度上是因为大脑中形成了"可搜索的图像"。在复杂的视觉系统中，大脑首先不加筛选地登记所有输入的信息：五条橙色触手形成星星的形状，光滑的黑色岩石，光和影。不过大脑不会立即处理这些信息并把其中的含义传递给我们有意识的头脑。要等到那样的图式在眼前不断重复，有意识的头脑做出了反馈，我们才明白自己看到了什么。正是以这种方式，动物成为了非常有技巧的侦察者，它们能把复杂的视觉图式精确化，从中找到代表食物的特定图式，然后捕猎。例如，当一种毛毛虫数量可观，足够在鸟儿的大脑中形成可搜索的图像，一些鸣禽就会是非常成功的捕食者；而同样的毛毛虫，如果数量比较少，可能就不会被鸟儿发现。神经通路必须通过经验训练来分析眼前所见。一旦神经元突触被激发，海星就从眼前冒了出来。于是看不见的东西忽然可以看得清清楚楚了。

站在苔藓的角度来看，一个身高一米八的人类穿过树林，就跟我们人类看到飞机在万米高空飞过没什么两样。飞机离地面那样远，当我们选择坐飞机去往某个地方的时候，就遗憾地错过了下面一整个遍布生命的王国。每天我们从它们身边经过，却从未看见过它们。苔藓和其他微小的生命向我们发出邀请，请求在我们可感知范围的边界上短暂地存在。我们需要做的只是留心。以另一种方式去看，一个崭新的世界将出现在我们眼前。

我前夫曾经嘲笑我对苔藓的热情，说苔藓不过是一种装饰品。对他来说，苔藓只是森林的壁纸，为他拍摄树木提供背景。一片地毯一样的苔藓确实可以提供美丽的绿色光亮。但是，如果将镜头对焦苔藓"壁纸"本身，那一片模模糊糊的绿自身便成了焦点，一个全新的维度就出现了。这张乍看上去质地均匀的壁纸，实际上却是一匹复杂的织锦，它有顺滑的表面和错综

苔藓森林

复杂的内部结构。"苔藓"[1]这个词其实是很多不同种类苔藓的统称，它们各自有着丰富多样的形态。有的看起来像微缩的蕨类；有的紧密交织，就像鸵鸟毛；有的是亮闪闪的一丛，就像小宝宝柔软顺滑的头发。凑近一根长满苔藓的倒木仔细观察，我总会觉得仿佛走进了一家美妙的织物店——窗户中流溢出丰富的质地和色彩，邀你走近一些，再走近一些，好一睹店里陈列着的一匹匹布料。你可以用手指滑过一匹丝滑的棉藓布帘，或是抚摸泛着光泽的小锦藓锦缎；还有深色的曲尾藓蓬蓬羊毛毯、金色的青藓床单和闪闪发光的提灯藓丝带；具凹凸感的褐色拟腐木藓毛呢中，织着很多细湿藓的镀金丝线。[2]如果只是匆匆而过，就好像打着电话从蒙娜丽莎身旁经过，全然不知自己错过了什么。

凑近观看这光影交错的绿色地毯，苔藓细长的茎交错，仿佛是叶子繁茂的乔木立在敦实的躯干上。雨水透过乔木林的林冠层滴落下来，亮红色的螨虫在树叶上漫步。森林的结构在苔藓的绿毯上再现，冷杉林和苔藓林互相映照。把注意力集中到

1　这里的"苔藓"实际上只是指苔藓植物中的藓类。一般认为苔藓植物（bryophyte）分为苔类（liverwort）、藓类（moss）和角苔类（hornwort）。本书探讨的基本都是藓类，很少提及苔类，为了行文流畅，以及便于中文读者理解，书中的"moss"直接译为"苔藓"，书中的"bryophyte"则译为"苔藓植物"；同时为保证科学上的准确性，容易发生歧义的个别地方会适当调整。

2　这里提到的苔藓学名依次为：棉藓（*Plagiothecium*）、小锦藓（*Brotherella*）、曲尾藓（*Dicranum*）、青藓（*Brachythecium*）、提灯藓（*Mnium*）、草藓（*Callicladium*）、细湿藓（*Campylium*）。

一滴露水的尺度，森林反倒成了模糊的壁纸，成了独特的苔藓小宇宙的背景。

学着观察苔藓更像是用耳朵去聆听，而不是用眼睛看。匆忙一瞥是什么都看不到的。我们需要专注，才能听到一个遥远的声音或者捕捉到一场对话中微妙的潜台词，才能过滤掉所有噪音，听到美妙的音乐。苔藓不是公共场所播放的单调音乐，它们是贝多芬四重奏中交叠缠绕的旋律。观察苔藓就像静静聆听水流过岩石一样。抚慰心灵的水流声有很多音色，像水一样可以安慰心灵的苔藓也是如此。弗里曼·豪斯（Freeman House）[1] 描绘过水流的声音：激流不断跌下，撞击岩石，腾起水浪；然后，渐渐地安静下来，从水流的赋格曲[2]中分辨出各个不同的音色——水从巨石上温柔滑过，游移沙石的低音之上又有八度音阶，细流从岩石之间汩汩而过，水滴落入池塘叮咚如铃……观察苔藓，也是这样。慢下来，走到近前，各式各样的形状显现出来，那匹密密实实的织锦上纠结缠绕的丝线也展现在眼前。那些线既是整体的一部分，又与整体全然不同。

懂得一片雪花的分形几何构造，会给冬天平添奇迹。懂得苔藓，则会丰富我们对世界的认知。我看到，上苔藓植物学课

1　弗里曼·豪斯（1938—2018），颇具影响力的鲑鱼保护者，著有《鲑鱼图腾》（*Totem Salmon*）。作为一本带有抒情色彩的自然文学作品，书中记录了豪斯所听到的鲑鱼和它们所生活的河流的各种声音。

2　赋格曲是一种乐曲形式，开始时旋律简单，随后加入各种不同的乐器，使乐曲发生微妙的变化。

苔藓森林

的学生不断学习用全新的方式来看待森林。我能感受到他们由此而发生的变化。

我在夏季开设苔藓植物学课，带着学生漫步林间，分享关于苔藓的知识。这门课的头几天是一场探险，学生们学着区分不同种类的苔藓，先用肉眼观察，再用放大镜。每当学生们第一次发现一块长满苔藓的岩石上覆盖的不只是"苔藓"，而是"20种不同种类的苔藓"，而且每一种苔藓都有自己的故事时，我都感到自己就像一个启发思想的助产士。

无论在野外还是在实验室，我都喜欢听学生们开口去讲。渐渐地，他们的词汇量丰富起来：他们骄傲地指着长着很多叶的绿色植株，称之为"配子体"（gametophyte）；他们指着苔藓顶部那个小小的褐色结构，准确地叫出"孢子体"（sporophyte）；他们开始管直立的丛集苔藓叫"顶蒴藓"（acrocarp），把茎横着长的苔藓叫作"侧蒴藓"（pleurocarp）。有了形态术语，这些苔藓之间的区别就更加明显了。有了供你调用的词汇库，你就能看得更清楚了。找到合适的术语，是学会去看见的又一步。

当学生们开始在显微镜下观察苔藓，就打开了一个新的维度、一本新的词典。把一点一点剥离开来的单个小叶放在载玻片上，仔细地观察。放大20倍，叶的表面清晰地呈现，非常美丽。光线透过单个细胞，亮闪闪地映照出细胞优雅的形状。在微观世界探险，就像逛画廊，不期而遇的形状和色彩让人流连忘返。有时，我在显微镜下观察一个小时后抬起头，回到普普通通的平凡世界，不禁感觉到处都是单调的形状，鲜有惊喜。

我发现，用来描述微观世界的语言在清晰度上很是令人信服。描述叶缘不只是简单的"不平滑的"，对此有一套专门的词汇：用"齿状的"（dentate）来形容边缘有大而松散的齿，用"锯齿状的"（serrate）来形容像锯子齿一样的边缘，用"细锯齿状的"（serrulate）来形容边缘锯齿细小而均匀，用"纤毛状的"（ciliate）来形容叶缘环绕着纤毛。叶如手风琴一般折叠被称为"折扇状的"（plicate），叶就像在书页之间夹过一样平，则被称为"平展的"（complanate）。苔藓构造中的每一处细微差别，都有一个术语来描述。这些术语就像一个兄弟会内部的秘密语言，学生们用它们交流，而我欣慰地看着学生和苔藓之间的联结日益增长。拥有这些术语也意味着与植物，亦即与细致入微的观察，建立起亲密的关系。就连描述单个细胞的表面特征也有专门的形容词：用"乳头状的"（mammillose）形容细胞表面乳头状的突起；用"疣状的"（papillose）形容小的突起；用"多疣的"（pluripapillose）形容细胞表面有很多小突起，就像水痘。虽然看起来是晦涩难懂的术语，但这些词又各具生命力。试想一下，如果要形容一条圆鼓鼓的、饱含水分的嫩枝，还有哪个词比"长穗状的"（julaceous）更恰当呢？

人们对苔藓的了解少之又少，所以只有极少数苔藓拥有俗名。大多数苔藓只能靠拉丁语写成的学名来定义身份，而这确实成了大多数人辨识苔藓的阻碍。不过，我喜欢学名，因为它们就像各自所代表的苔藓一样美丽又复杂。念出这些名

苔藓森林

称，将自己沉浸于语言之美，抑扬顿挫，音韵婉转：*Dolichotheca striatella* [1]（明角长灰藓）、*Thuidium delicatulum*（细枝羽藓）、*Barbula fallax*（北地扭口藓）。

　　然而，认识苔藓并不需要知道它们的学名。我们为苔藓取的学名不过是武断加之。通常，当我碰上一种新的苔藓，还没来得及求证学名时，我会为它取一个对我来说有特别意义的名字：绿丝绒、弯弯顶、红柄……真正重要的不是用什么词来命名苔藓，而是认识它们，认可它们各自不同的特性。在传统的北美原住民认知方式中，所有生命都被认为是非人类的个体，每一种生命都拥有自己的名字。这意味着，称呼名字是对一个生命的尊重，忽视名字则是对一个生命的失礼。使用词语和名字是人类借以建立关系的方式，不光是建立人与人之间的关系，还有人与植物之间的关系。

　　"苔藓"（moss）这个词被广泛地用在植物名中，但这些植物不一定都是真正的苔藓。"驯鹿苔藓"（Reindeer moss）其实是一种地衣，"西班牙苔藓"（Spanish moss）是一种叫铁兰的开花植物，"海苔藓"（sea moss）是一种藻类，"小棍苔藓"（club moss）其实是蕨类植物石松。所以，到底什么是苔藓？真正的苔藓，或者说苔藓植物，是陆地植物中最原始的类群。人们常把苔藓植物和更熟悉的高等植物做比较，用它们欠缺的东西来

1　原文 *Dolicathecia striatella* 有误，应为 *Dolichotheca striatella*，为 *Herzogiella striatella* 的异名。

描述它们。它们没有花，没有果实，没有种子，也没有根。它们没有维管组织，没有木质部和韧皮部来进行体内的水分运输。它们是最简单的植物，简单之中蕴藏的，是优雅。凭着仅有的几个基本的茎叶结构，苔藓就演化出了遍布全球的22 000多个种。每一种都是主旋律上生出的一支变奏曲，它们蕴含独一无二的精巧设计，得以成功栖居于每一个生态系统中那些微小的生态位，是无与伦比的独特造物。

观看苔藓为认识森林增添了深度和亲密感。行走林间，在五十步以外的地方仅凭颜色察觉一种苔藓的存在，让我和我所在的此地紧紧相连。那种特有的绿和它捕捉光线的特定方式透露了它的身份，就像我们不用看脸，只凭脚步声就能判断来者是哪一位朋友。这种亲密联结使我们在惯于匿名的世界里仍然拥有识别的能力，就像在一个吵闹喧嚣的屋子里分辨出你爱的人的声音，就像在千万张脸孔中间认出你的孩子的笑脸。这种联结来自于一种特殊的辨别力，来自于长时间观看和聆听后在大脑中形成的搜索画面。在视觉不够灵敏之处，亲密感给了我们一种与众不同的观看方式。

3

体型小的优势：边界层上的生命

我牵着还不太会走路、正哇哇大哭的小宝宝走在路上，一位女士苦着脸向我投来责问的目光。我的小外甥女哭得很伤心，因为过马路的时候，我不肯放开她的手。她现在已经放开嗓门哭起来："我一点都不小！我想变大！"她还不知道，她的愿望成真会有多快。上了车，我把她扣在婴儿座椅上，这"耻辱"又恼得她又哭又叫。我试着和她好好说话，告诉她做一个小孩子的好处：她可以完美地藏进丁香花丛下的秘密基地，让哥哥怎么也找不到；还能坐在外婆腿上听故事呢。但她可不买账。回家路上她睡着了，手上紧紧握着她新得到的风筝，小嘴一直倔强地噘着。

我买了一块覆盖着苔藓的岩石带去小外甥女的幼儿园，好在我的科学课上给孩子们展示和讲解。我问孩子们什么是苔藓。他们立刻就跳过了苔藓是动物、植物还是矿物的问题，直接抓住了苔藓最明显的特点：它们很小。孩子们一下子就能认识到这一点。正是苔藓这一最显而易见的特质，极大影响了它们栖居地球的方式。

苔藓之所以小，是因为它们缺少支撑自己直立的组织结构。大型苔藓多生长在湖泊、溪流中，是因为水可以支撑它们的重量。树木站得又高大又挺拔，是因为它们具有维管组织，有了木质部这个网络，那些细胞壁坚韧的管状细胞就像木头管道一样在植物体内运输水分。苔藓是最原始的植物，没有这样的维管组织。它们如果再长高一点，柔弱的细胞就无法承受它们的重量。缺少木质部意味着它们无法从土壤中汲取水，运输给植株顶端的叶。一株超过几厘米高的苔藓便无法保证自己有充足的水分。

但小并不意味着失败。以任何生物学度量标准来看，苔藓都很成功：它们在地球上几乎每个生态系统中都有栖居，有多达 22 000 个种。就像我的小外甥女可以找到很小的空间躲藏，苔藓可以在各种各样的微小生境里生存，而在这样的环境中，长得大反而会是劣势。走道上的裂缝间，栎树的枝杈上，甲虫的背上，悬崖边缘，苔藓可以在任何高大植物的间隙里繁衍生息。苔藓完美适应了在微小空间的生活，充分利用了体型小的优势，并且冒着危险，向它们的领地之外拓展。

凭借庞大的根系和荫庇一切的树冠，树木是森林中不争的王者。它们的优越性无可比拟，它们制造厚厚的落叶层，苔藓亦无法与之相比。体型小的一个后果是，不太可能和其他植物争抢阳光，树木总是获取阳光的赢家。所以，苔藓总是在背阴的地方生存繁衍，生生不息。和那些喜爱阳光的植物伙伴们不

苔藓森林

同，它们叶子中的叶绿素发生了细微的改变，能够吸收波长可穿透森林冠层的光。

常绿植物的冠层下面阴凉潮湿，苔藓在这样的环境里生命力旺盛，常常形成一片厚实的绿色地毯。但是在落叶林中，每当秋天到来，森林的地面就被一层黑乎乎湿漉漉的落叶覆盖，变得很不适合苔藓生存。不过，苔藓在倒木和树桩上为自己找到了避难所，这些位置高于地面，就像平原上的高地，可以免受落叶的干扰。苔藓的成功之处在于，它们可以在树木无法扎根的地方生存，坚硬而不透水的基质也可以成为它们的领地，比如岩石、悬崖表面，或者树皮。苔藓优雅地适应着周遭的环境，它们已经不再被所谓的有限生存空间所束缚，相反，它们选择了自己生存的环境，并成为它们领地上当仁不让的主宰。

苔藓在一切事物的表面存活——岩石表面、树皮表面、倒木表面，在这些方寸之地，土壤与大气最先接触。大气与土壤接触的那个平面通常被叫作边界层（boundary layer）。苔藓紧紧贴伏在岩石和木头上生长，它们与自己所倚赖的基质的轮廓和纹理亲密无间。苔藓的小根本不是什么不利因素，反而让它们得以利用边界层独特的微环境。

大气与土壤的交界（interface）是什么呢？小到一片叶子，大到一座小山，每一个事物的表面都拥有一个边界层。这算不上难以形容的东西，我们都有关于边界层的生活经验。当你在一个阳光明媚的夏日午后躺在草地上，看天上的云彩来来去去，你就身处地球表面的边界层上。躺下来，风的速度变慢了，你几乎感觉不到风；而当你站起身，风可以弄乱你的头发。地面也更加温暖，被太阳烘暖的地面又把热量反射到你的后背，加上地表没有什么风，热量可以存留更久。紧贴地面的环境和地面之上 6 英尺的环境是不同的。我们躺在草地上感受到的效应，同样发生在每一个事物的表面，无论那个表面是大是小。

空气形若无物，但它与所接触的事物以一种有趣的方式相互作用，这很像流动的水与凹凸起伏的河床相互作用。当流动的空气经过像岩石这样的物体表面时，这些表面便会改变空气的动向。在没有阻碍的情况下，空气会沿着线性路径移动，这个路径叫作层流（laminar flow）。如果肉眼能看到层流的话，我们会看到空气就像一条平静的深河中的水，正在自由流动。但当空气遇到一个事物的表面，它的移动速度就会在摩擦力的作用下放缓。我们可以通过观察水的流动来发现这一点：在河床布满石头或者沉着木头的区域，水流会变慢。由于层流会因为遇到事物的表面而发生扰动，空气流因此被切割成不同速度的分层。高处是快速流动层，空气在一个平稳的平面上流动；下方是湍流区域，空气遇到障碍物时会打起涡旋；再往下，随着不断接近物体表面，空气流速逐渐变慢，到紧挨着表面的地方，空气就完全静止了，被它和物体表面之间的摩擦力捕获。我们躺在地上时，感受到的就是这层静止的空气。

苔藓森林

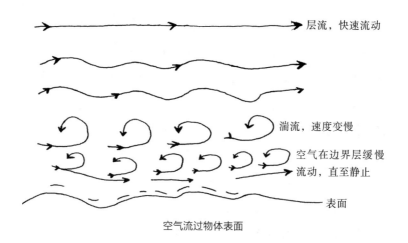

层流，快速流动

湍流，速度变慢

空气在边界层缓慢
流动，直至静止

表面

空气流过物体表面

　　放眼我自己的生活，每个春天我都与这些空气的分层相遇。在四月第一个温暖的日子，门廊上那些挂了整整一个冬天、缀满蜘蛛网的漂亮风筝，在微风中唰唰作响，仿佛在向往蓝天。是放风筝的时节了，我们带上风筝在边界层放飞。在我们那个封闭的山谷，风通常比较弱，我和孩子们都很喜欢的飞龙风筝体型较大，很难起飞。于是我们在家后面的牧场里像疯了一般跑来跑去，想要获得足够大的风来托起风筝，一边跑还要一边当心不要踩到牛粪。靠近地面的风速度太慢，没法支撑风筝的重量。风筝被困在边界层，怎么也够不到上面的风。只有当我们在猛冲中让风筝脱离无风层，它才能真正抓紧风筝线，在空中舞动起来。风筝剧烈抖动，发出声音，这表明它已经进入湍流层。最后，风筝线拉得紧紧的，红黄相间的飞龙游进了顶层空气自由流动的区域。风筝是为层流区而存在的；而苔藓，是为边界层而存在的。

我们的牧场上散落着很多因冰川消融而留下的岩石。我停下来坐在一块岩石上，聆听着四周草地鹨的叫声，把风筝线缠好。太阳把岩石烘得暖暖的，石头上有苔藓附着，坐上去软软的。我可以想象此处空气流动的模式：空气在周围平缓地流动，直到遇上长着苔藓的岩石表面。阳光的温度裹在薄薄的静止的空气层里。由于空气几乎是静止的，便形成了一个隔热层，阻绝了热交换，很像阻挡风雪的外护窗与里窗之间的那个夹层。春天的风还很冷峭，但岩石表面的空气温暖得多。即使是在温度零下的天气，有阳光照射的岩石上，苔藓也能被液态的水包围。由于身形足够小，苔藓得以在边界层生存，如同浮动在岩石表面的温室。

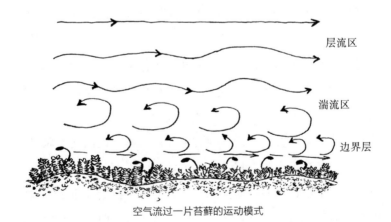

层流区

湍流区

边界层

空气流过一片苔藓的运动模式

边界层不光会保持热量，还能留住水蒸气。潮湿的倒木蒸发的水分被困在边界层内，为苔藓创造了一个湿润的绝佳繁衍环境。苔藓只有保持湿润才能生长，一旦干燥，光合作用就会

　　　　　　　　　　　　　　苔藓森林

停止，苔藓也将停止生长。有时，适宜苔藓生长的条件很难齐备，苔藓就会长得很慢。边界层阻止风带走水分，所以在边界层的范围内，苔藓能够获得更多的生长机会。体型足够小，使得苔藓完全可以在边界层以内生存，享受温暖湿润的栖息环境，这是那些体型大的植物不会知道的好处。

除了水蒸气，边界层还能存住其他气体。木头上薄薄的边界层中的空气构成，与周围森林中的空气构成完全不同。腐烂的木头上栖居着无数微生物。真菌和细菌无时无刻不在分解着木头，结果自然是木头变得千疮百孔。分解者持续不断的工作把结实的木头变成了细碎的腐殖土，并释放出丰富的二氧化碳，这些二氧化碳会被束缚在边界层内。外部大气中的二氧化碳浓度约为万分之 3.8，而腐木边界层中的二氧化碳含量可能有外部的 10 倍之多。二氧化碳是光合作用的基本原料，很容易被苔藓潮湿的叶吸收。由此可见，边界层不仅能为苔藓的生长提供舒适的微气候，还能增加二氧化碳的储备，以供苔藓进行光合作用。苔藓还有什么理由栖居别处呢？

体型微小，能在边界层生存，这是一个绝无仅有的优势。苔藓找到了自己生长的领地，在那里，小就是它的资本。如果苔藓植株长得过高，植株就会伸进湍流层，接触到干燥的空气，这将严重影响它的继续生长。我们或许会因此预测，所有苔藓都很小，受限于边界层的高度。然而事实并非如此。苔藓植物的高度所表现出的巨大差异，相当于蓝莓灌丛和红杉之间的差别。苔藓既可以是只有 1 毫米厚的薄薄一层，也可以长到 10 厘米高，枝叶繁密，纵横交织。这样的差异往往可以归因于它们所生存的边界层厚度不同。被阳光直射、直接迎风的岩石表面，边界层很薄，在这样干燥的地方，苔藓必须长得很小，以便留在被边界层保护的范围内。相反，在潮湿森林里的岩石上，苔藓可以长得高得多，而且还能待在一个舒适的微气候里，因为岩石上的边界层本身就处在另一个边界层中——森林自身的边界层。树木降低风速，树荫减少水分蒸发，使这片区域能够抵挡外面干燥的空气。在潮湿的热带雨林中，苔藓可以长得又高又盛。边界层越大，苔藓就越大。

通过自身形状的一些改变，苔藓也能自行调控它们所处的边界层。物体表面任何可以增大与流动空气间摩擦力的特性，都能使空气流动变慢，从而营造出更厚的边界层。粗糙的表面比平滑的表面能更有效地降低空气的流速。想象牧场上遭遇了一场暴风雪，强风把雪花拍在我们脸上。为了躲避狂风，我们躺下来，在地面的边界层寻求庇护。那么，是躺在空地上还是躺在高高的草丛中暖和一点呢？凸起的高草丛作为障碍物降低了空气流速，从而形成了一个更大的边界层，减少了我们身上的热量散失。苔藓也用相同的方法来扩大它们所处的边界层。苔藓自身的表面构造可以对空气流动产生阻力。阻力越大，边界层越厚。就像微缩版的高草地，苔藓植株演化出了降低空气流速的特性。很多种苔藓具有又长又细的直立叶，从而减弱周围的空气流动。不只如此，生长在干燥环境的苔藓叶上还长着密密的毛，有长长的会反射强光的尖端或者极小的细刺。这些

苔藓森林

从叶表面扩展出来的"延伸物"也降低了空气的流速，创造了一个更厚的边界层，减少了水分的蒸发，这对苔藓来说极为重要。

在干旱地区，苔藓常常依靠露水来获得日常所需的水分。大气和岩石表面相互作用，为露水的形成创造了条件。夜晚，太阳的热量消散，存留了一定热量的岩石表面与空气之间产生温差，水的凝结作用就可能发生。于是，在空气和岩石的交界面上，薄薄的一层露水形成了，它们很容易被苔藓吸收。唯有非常小的生命，才能完美地利用荒漠中如此稀薄、转瞬即逝的馈赠，仅依靠露水存活下去。

安全而温暖的边界层为苔藓提供了庇护所。不过，这个将苔藓养育至成熟的环境，在抚育下一代时遇到一个难题。就像我的小外甥女一样，下一代苔藓终要离开长辈的庇护，找到属于它们自己的位置。苔藓通过产生孢子来繁衍后代，这些细若尘埃的粉末状繁殖体，需要风将其带去远方。大多数孢子不能在这织毯中萌发，它们必须离开。边界层中空气平稳，气流速度不足以散播孢子。为了帮助后代乘风离开原来的领地，苔藓用长长的蒴柄将孢子托起，一直顶到边界层之上。迅速成熟的孢子体穿过边界层，进入湍流区，就像乘风飞翔的风筝。在湍流区，空气的涡流裹挟着孢蒴，使孢子散出，被带去新的栖息地。就像万千物种的下一代一样，它们逃离了长辈的束缚，在大千世界里寻找自由。

蒴柄的长度与边界层的厚度密切相关。森林中苔藓的蒴柄必须长得很高，才能逃离边界层，乘上森林地表流动着的微风。相反，开阔地带的苔藓一般蒴柄较短，因为那里的边界层比较薄。

苔藓占据了其他植物因身形过大而无法栖居的那些空间。它们的生存之道，是对小的赞美。它们将自身的独特结构，与空气和土地之间相互作用的物理定律巧妙结合，是不折不扣的赢家。小，是它们的弱点，却也正是力量所在。我会试着把这些讲给我的小外甥女听。

苔藓森林

4

回到池塘

潮湿的风迎面吹来，我打了个哆嗦，但我不想关上窗户，这个四月的夜晚仿佛宣告着冬天的结束和春天的到来。峭冷的空气里隐约传来叉纹拟蝗蛙的鸣唱，但声音不大，我还想要听更清亮的和鸣。我穿着睡衣下楼，披上羽绒服，赤脚穿上我的索雷尔雪地靴。厨房里的炉子把屋子烘得暖暖的，不过我还是要暂时告别这温暖。鞋带划过地上这一块儿那一块儿的残雪，我一步一步走向地势在农舍之上的池塘，呼吸着饱含湿润泥土芬芳的空气。我是被蛙群的歌声吸引来的。走近池塘的过程就好像在听一曲渐强的音乐——合唱声越来越大。我又打了个哆嗦，空气仿佛随着无数只蛙的和鸣律动着，连我羽绒服的尼龙表面都跟着振动。我想知道这声音的力量，它把我从睡梦中叫醒，它召唤蛙群回到池塘。是不是某种共通的语言，牵引着我们来到了同一个地方？蛙群自然有它们的打算。那么是什么把我带到这里，吸引我置身这声音之河，一动不动？

蛙群响亮的呼唤把附近所有同族都召集到了这里，这是蛙群在春天举行的盛大仪式，它们要在这里完成繁衍。雌蛙会把卵子排入浅水，雄蛙则将乳白色的精子覆盖于卵子表面。包裹在一团胶状物中的受精卵将发育成蝌蚪，等到夏天结束，蝌蚪就会长成成年蛙，而它们的父母早已回到树林。成年后的叉纹拟蝗蛙大多数时候是孤独的林间隐士，在树林的地面上四处旅行。不管它们去多远的地方历险，最终都必须回到水中繁殖后代。所有的两栖动物都会回到池塘，这是由它们的演化历程决定的，这种最原始的脊椎动物的祖先是从水生演化为陆生的。

苔藓是植物界的两栖动物。它们介于藻类植物和更高等的陆生植物之间，是生命迈向陆地生存的第一步。苔藓已经演化出了一些基本结构来适应陆地生活，甚至可以在荒漠中生存。但就像叉纹拟蝗蛙，它们的繁殖必须回归到水。然而苔藓没有腿脚无法行走，它们只能在自己的枝叶中再造祖先时代的原始池塘。

第二天下午，我回到安静下来的池塘，想找些驴蹄草做晚餐。弯腰采驴蹄草的叶子时，我看到了昨晚那场和鸣的果实：阳光下的浅洼里，是成千上万的蛙卵。蛙卵混在绿色的藻类植物中，这些藻类的表面散布着一个个充满氧气的微小气泡。就在我凝神观看的时候，一个气泡闪着微光升向水面，啵地爆开了。

在祖尼人（Zuni）的传统知识里，世界初始，只有云雾和水，直到土地与太阳联姻，才有了绿色的藻类。藻类又衍生出各种各样的生命。科学知识告诉我们，这个世界在有植物之前，生命只存在于水中。在浅浅的海湾，海浪拍打着空无一物的海岸。阳光炙烤的大陆上，一棵树也没有，没有什么可以洒下一

苔藓森林

小片绿荫。那时，大气中没有臭氧，阳光猛烈，直射大地。带有紫外线辐射的死亡之雨，会摧毁任何胆敢爬上海岸的生物的DNA。

但在海里，还有内陆的淡水池塘中，水阻隔了紫外线辐射，藻类一刻不停地在改变着演化的进程，就像祖尼人说的那样。一串串藻类上冒出小气泡，里面是光合作用产生的气体——氧气，一点一点地，氧气在大气中聚集。这种新的存在与平流层中强烈的阳光发生化学反应，产生臭氧层，然后终于有一天，臭氧层成为所有陆地生命的保护伞。直到这时，陆地表面才变得安全，生命才得以上岸。

绿色的藻类在淡水池塘中很容易生存。有水的支撑，并且一直浸润在营养物质中，藻类不需要有太复杂的结构，它们没有根，没有叶，没有花，就只是一团可以吸收阳光的丝线般的存在。在这样温暖的水环境中，受精容易，过程简单。卵子从光滑的水藻细丝上释放出来，漂浮在水面上；精子则随意地释放在水中。卵子与精子随机融合，新的藻类就此诞生，它们不需要任何包裹在外面的孕育之所，水已经为它们提供了一切保护。

没有人知道，到底是什么使得生命从舒适的水中迁移到环境严酷的陆地上。也许是因为池塘干涸，藻类搁浅在地表，就像离开了水的鱼儿。也许是，在布满岩石的海岸上，藻类占领了那些庇荫的裂隙。化石记录了这场迁移成功的结果，却鲜少能反映迁移的过程。不过，我们可以确认，在距今3.5亿年前的泥盆纪，出现了最原始的陆生植物，它们离开水，试着在陆地上生存。这向陆地迁移的先锋，就是苔藓。

　　离开舒适的水生环境，冒险登上陆地，要应对极其艰巨的挑战，其中最大的挑战就是繁殖。原始的藻类留下了珍贵的遗产，那就是依靠漂浮在水面上的卵子和在水中游动的精子来繁衍后代，但这只在水中奏效，在干燥的陆地上反而成了致命的缺陷。干涸的池塘只能是蛙卵的墓地，同样地，干燥的空气会杀死藻类的卵子。于是，苔藓通过生活史的演化来应对这些挑战。

　　采了满满一篮子的驴蹄草后，我拿出一个旧罐头瓶，在池塘里灌了满满一瓶水，里面有蛙卵。我要把罐头瓶带回家给我

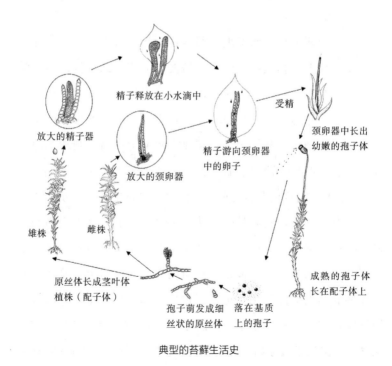

放大的精子器

精子释放在小水滴中

放大的颈卵器

精子游向颈卵器中的卵子

受精

颈卵器中长出幼嫩的孢子体

雄株　　雌株

原丝体长成茎叶体植株（配子体）

孢子萌发成细丝状的原丝体

落在基质上的孢子

成熟的孢子体长在配子体上

典型的苔藓生活史

苔藓森林

的女儿们，让她们观察蛙卵怎样变成蝌蚪。我小时候就为此着迷，好奇地看着蛙卵中间那个黑色的斑点发育出腿和尾巴。圆滚滚的蛙卵让我想起自己怀孕的时候，那种感觉就像在自己体内那个温暖的池塘里孕育着游来游去的蝌蚪。我们都在以各自的方式繁衍后代，我们都在不断地回到池塘，与我们生命的起源——水——发生联结。池塘边生长着一簇簇苔藓，我也采了一丛带回家，好放到显微镜下面给孩子们看。

　　为了在陆地上生存，苔藓演化出了一套优于简单藻类的新机制。漂浮藻类的柔软带状形态，被可以支撑植株直立的茎取代。在显微镜下，可以看到精巧漂亮的轮生叶，还有细小的假根，这些假根就像一丛褐色的细毛，让植株可以抓住土地。植株顶端的叶长得不太一样，它们紧密地聚成一圈。从外面看不见、隐蔽在苔藓顶端一簇簇叶子中间的，便是雌性生殖器官——颈卵器。我小心翼翼地拨开那些小叶，观察内部的构造。栖身其中的是三四个栗棕色的结构，形状像长颈红酒瓶。在另一根茎上，在一片叶的叶腋处，长着一丛毛发状的叶。把这丛叶拨到一边，我看到一些香肠形状的囊，每一个都鼓鼓的，呈绿色。这些囊就是精子器——苔藓的雄性生殖器官，它们已经蓄满了精子，等待着释放。

为了应对干燥陆地上的繁殖困境，苔藓做出了一次意义非凡的创新。卵子被妥善地保护在雌性生殖器中，而不是直接落在水上。如今所有的植物，从蕨类到冷杉，都采用了这一最早由苔藓发明的策略。膨大的颈卵器基部就像提供保护的子宫，保存着卵子。簇拥在一起的叶则可以留住水分，保证卵子处在湿润的环境中，并为精子创造了一个可以游向卵子的池塘。尚未受精的卵子，就在颈卵器中安全无虞地等待着。

　　但要促成精子与卵子结合是一项极其艰难的任务。第一个困难就是要确保水分充足，这在陆生环境下很难保证。为了游向卵子，精子表面必须持续覆有一层水膜。苔藓密集的叶之间可以留住雨水和露珠。叶间的毛细作用使水得以在植株间传输，雄株和雌株之间形成了一条透明的水道。然而，一旦精子表面的水膜被破坏，它就无法游向卵子，哪怕一条细小的裂隙也会成为一道无法逾越的障碍。蒸发作用便是切断水道的那个障碍，所以，这是一场精子与蒸发作用之间的角逐赛。除非苔藓浸润在雨水、露水，或是激流飞溅的水雾中，让充足的水带着精子前进，否则卵子就不会有机会受精。干旱的年景，苔藓很有可能无法繁殖。

　　苔藓会释放大量精子，但这每一个小小的细胞遇到卵子的机会都是稍纵即逝。它们不会像叉纹拟蝗蛙那样卖力地呼喊自己的配偶，没有什么信号可以让苔藓的精子循着指引抵达目的地，它们只能自己在薄薄的水层中漫游。大多数精子直接就迷失在一片片叶组成的迷宫中了。小小的精子是经不起风浪的水手，只有有限的能量来继续它们的旅程。一离开精子器，它们存活下来的可能性就随着时间一分一秒地过去而不断降低。不出一个小时，所有的精子都会因能量消耗殆尽而死亡。卵子就只能继续等待。

第三重挑战在于水本身的性质。从占有优越地位的人类的视角出发，流动的水是柔软的，我们可以轻易潜入水中。但在微观的尺度上，站在苔藓精子的视角上看，在水中穿行就好像一个人努力游过一个灌满果冻的池塘。对苔藓精子来说，一滴水表面的张力会形成一道弹力路障，再怎么游动和冲撞都无法突围。不过，它们已经想出很多聪明的法子来摆脱水的束缚。在精子准备释放的时候，精子器会吸收过量的水，一直膨胀，直到裂开。精子在水压的作用下进射而出，确保它们的旅程顺利开始。

精子克服水面张力的另一种办法是自带表面活性剂。精子器破裂时，作为一种化学物质的表面活性剂就像肥皂一样发挥作用，使水的黏性降低。水滴一接触到表面活性剂，表面张力就会被打破，拱起的顶部瞬间就会变平，变成一层流动的水，裹挟着精子如同冲浪一般前进。

精子需要依靠所有可能的帮助才能向卵子一步步靠近，它们很少能离开孕育自己的精子器超过 4 英寸[1] 的距离。有的苔藓发明出了别的办法来增加这个距离——利用泼溅的力量来传播

1　1 英寸 = 2.54 厘米。

精子。比如金发藓（*Polytrichum*），这种苔藓的精子器由一圈叶环绕着，它们围成一个扁平的圆盘，就像向日葵的花瓣一样呈辐射状排列。一滴忽然落下的水珠打在这个圆盘上，精子就能飞溅到10英寸远的地方，这个距离，是它们本来可以旅行的距离的两倍还多。

如果所有条件合适，精子就能游向卵子，并顺着颈卵器细长的颈部来到静静等待的卵子身边。受精完成，下一代的第一个细胞诞生，孢子体开始生长。在叉纹拟蝗蛙的生命历程中，受精卵能够存活全凭大自然的怜惜，它们漂浮在池塘里，外面只有一层胶状物质保护。而苔藓的母体可不会就这样抛弃它们的孩子。它们直接在颈卵器中抚育下一代。有一些特殊的传输细胞，它们就像胎盘中的细胞一样，能够把营养物质从苔藓母体传输给正在发育的后代。这是多么神奇啊，人类与植物如此默契，植物们养育后代所倚赖的细胞，与我生下女儿所倚赖的细胞是那么相似！

蛙的受精卵先发育成蝌蚪，再长成与成年蛙一样的个体。苔藓的幼体也不是直接长成成年苔藓，一下子就像它们的母体茎叶体一样。它们会先长成一种中间形态，就是孢子体。幼嫩的孢子体仍然附着在母体上，从母体获取营养，并在将来产生和散播下一代孢子。

回到池塘，夏天里的水暖暖的，我和两个女儿都很想跳进水里游泳。可是即便在这样炎热的天气，水里也全是隐约浮现暗影的藻类，池塘并不欢迎我们。于是我们只好舒展身体躺在岸边晒太阳，地上还摊开着我们拿来的书。我喜欢把视线放低，贴着地面。我随手轻触岸边那些苔藓的孢子体。它们从我的手指间弹回去，同时弹出一些孢子，随着微风飘散。每一个孢子体都生长在茎的顶端，那里曾是颈卵器在春天庇护卵子的地方。1英寸长的蒴柄上，顶着个圆鼓鼓的酒桶形状的孢蒴。孢蒴里面就是无数粉末状的孢子，风会带它们去往各处，开始新的旅程。

不是所有孢子都能找到一个家，大多数孢子会随机落在不适宜生长的地方。但一颗孢子必须漂流到另一个池塘湿润的岸边，或者另一处舒适的湿润之所，才能开始新的生命之旅。圆圆的琥珀色孢子会吸饱水分，然后萌发，形成绿色的丝状体，称为原丝体。原丝体会不断长出分枝，在湿润的土地上蔓延，建立一张绿色的网。在这个生命阶段，苔藓大多和它们的远房亲戚很像，几乎无法把它们和细丝状绿藻分开。就像一个新生儿长着一张曾祖母的脸，原丝体有着它的藻类远祖的所有特征，它的基因里蕴藏着漫长生命演化中的回响。但是这种相像很快就会消失，长着叶的幼株会从原丝体上的芽中长出，形成一片新生而密实的苔藓地毯。

大多数苔藓的生命故事并没有上述童话般完美的结局。关于在陆地上繁衍这门技术，苔藓是个外行，它的这种劣势也确实显露出来。苔藓已经做了很多改变来繁衍后代，但是效率非常低。只有极少数精子可以游到颈卵器旁边，所以很多卵子就像被遗忘在圣坛上心灰意冷的新娘，造成了极大的能量浪费。太多的因素交织，阻碍着有性繁殖的完成，所以，那么多苔藓最终不约而同地放弃了有性繁殖，也就不足为奇了。很多种苔藓极少产生孢子体，还有很多种苔藓根本就不曾有过这种东西。

如果没有有性繁殖，就不会有更多蛙群，春天里也就再没有欢唱的和鸣。但不同于蛙群，即使精子从未遇到卵子，苔藓也依然能够繁衍生息。有性繁殖并不是它们繁育新生命的唯一途径。在生物科技出现的很久以前，苔藓就已经开始克隆了，它们能不断复制出与自身遗传物质完全相同的个体，遍布周围的环境。其实，大多数苔藓完全可以通过一个小小的碎片来完成自我复制。一片叶，哪怕不小心弄碎了，只要落在湿润的土壤上，就能生长出一棵全新的植株。无性繁殖也可以成为一个繁衍方案。芽胞、球芽、小枝——苔藓创造出一整套专门的繁殖体，这些繁殖体是苔藓各个部位上可以直接分离出来的部分。它们脱离母体，散播到新的栖息地，在那里，它们可以拥有新的领地，而不用付出像有性繁殖那样的高消耗、低效能的代价。采用克隆的方式，完全不需要将卵子和精子凑到一起，也不用花费时间和能量孕育孢子体。所有这些想要在这个世界上生存下去的努力，无论是有性繁殖还是无性繁殖，都是一支以基因和环境为主角的错综的舞蹈，是一首围绕生命延续和永续这一主题的演化变奏曲。

每个春天，我和女儿们都会说，叉纹拟蝗蛙正在用它们的歌声"唤醒水仙花"。蛙群刚唱起歌的时候，绿色的新芽开始生长；蛙群的歌声结束之前，水仙开始盛开。我的波塔瓦托米祖先用这样一个词来形容这神奇的定律——"puhpowee"，意思是让一朵蘑菇一夜之间从大地上生长出来的力量。我想就是这个力量在四月的那个夜晚召唤我走向池塘，好让我作证，证明"puhpowee"的存在。蝌蚪和孢子，卵子和精子，我的和你的，苔藓和蛙——我们对早春夜晚回荡着的呼唤的共同理解，将我们联结在了一起。一种不需要言语的声音在我们心中共振——那是渴望的声音，渴望存续下去，渴望在这个世界神圣的生命共同体中翩然起舞。

5

性别关系不对等与《跨城五姐妹》

我们当地的公共广播电台在周六早上有一档节目，我周六出门或者开车去山里的路上，经常听这档节目。节目名叫《跨城五姐妹》（*The Satellite Sisters*），在《车迷天下》（*Car Talk*）和《无所不知》（*What Do You Know?*）两档节目之间播出。"我们是来自两大洲的五姐妹，我们出生于同一个家庭，但各自过着不同的人生。下面就让我们开始今天的节目吧。"五个姐妹通过电话连线，虽然她们身处世界各地，但节目听起来就仿佛是在餐桌上的面对面聊天，桌上摆着咖啡杯，还有一盘焦糖面包。她们聊的话题无所不包，从职业规划到育儿，再到女性环保激进主义者，还有商店里提供试吃葡萄所引发的道德困境。当然，她们常常聊的，还有"人际关系"这个话题。

这个早晨，我的丈夫在谷仓里闲晃，我的两个女儿去参加一个生日派对了，我呢，就像五姐妹聊天的感觉一样，感到身心安逸、慵慵懒懒。外面太湿，路很难走，泥土黏糊糊的，也不适合做园艺。这个早晨完完全全属于我，可以任我安排了。刚好，我一直都想找个时间好好看看那些尚未被确认是什么种

苔藓森林

的曲尾藓属标本。为了满足自己的好奇心而高高兴兴地跑去"工作"，这是多么奢侈的一件事啊！大雨打在实验室的窗户上，汇成一条条细流，实验室里陪伴我的，只有五姐妹的声音。我可以跟着她们放肆大笑，反正也没人会知道。没有学生在场，没有电话烦扰，只有眼前这些苔藓，还有我从周末惯常的喧闹里偷来的几个小时的安静时光。

曲尾藓属（*Dicranum*）包含很多种苔藓，它们是来自同一个家族的姐妹。我倾向于把它们想象成女性，因为这个家族的男同胞们遭遇了不同寻常但也许适合他们的命运，对此，让男性相形见绌的女强人们立刻就能明白我的意思。我们后面再说这事。电台节目里，五姐妹仍在聊着，她们讲到从换新发型这件事发现自己的脆弱，暴露出那个犹犹豫豫的自我。我忍不住笑起来，我竟然直到此刻才发现，曲尾藓长得比其他任何种类的苔藓都像头发，精心梳理的头发，整整齐齐地分好发线，梳向一边。看别的苔藓，脑海里想到的都是地毯或者微缩森林，而看到曲尾藓，第一反应是好像看到了各种发型：鸭尾式、大波浪、螺旋烫、板寸。如果把它们按个头排在一起拍一张全家福，从体型最小的直毛曲尾藓（*D. montanum*）到最大的皱叶曲尾藓（*D. undulatum*），你会发现这个大家庭成员间的相似性。它们都有头发一样的细长的叶，末端卷曲，"头发"往一个方向梳着，一副被风吹过的样子。

就像通过电话连线的五姐妹分别住在泰国和俄勒冈州的波特兰（Portland），曲尾藓属苔藓也广泛分布在世界各地的森林里。棕色曲尾藓（*D. fuscesens*）生活在极北地区，而白色曲尾藓（*D. albidum*）一直到热带地区都有分布。也许它们之间的这种距离有助于这个大家庭中的姐妹们和平共处。曲尾藓属在演化进程中发生了很大的变化，从一个共同的祖先分支出众多新种，也就是适应辐射（adaptive radiation）。无论是达尔文雀[1]还是曲尾藓，适应辐射都促使它们发展出新种，这些新种能很好地适应特定的生态位。达尔文雀是从同一个祖先物种演化而来，这些雀鸟在海上迷失了方向，被狂风带到了荒凉的加拉帕戈斯群岛，在这里演化成不同的种。群岛中的每一个小岛上都有独特的食物，供养着岛上独有的那一种雀鸟。这就像最初的曲尾藓分化成很多不同的种，每一种都有独特的形态和栖息环境，这些新种的生活方式在祖先的基底之上发生了各种各样的变化。

直叶曲尾藓

　　大家庭中的兄弟姐妹间不可避免地相互竞争，物种分化背后的力量与此有关联。还记得自己小时候总是想要弟弟手里的东西吗？而且只是因为他有而自己没有？周末家庭聚餐的时候，如果每个孩子都想吃到烤鸡的鸡腿，那么必定会有人愿望落空。当两个近缘种对它们所处的环境有相同的需求，而环境供给又不充足，那么这两个种最终都得不到足够的养分，不能满足生存所

1　达尔文雀（Darwin's finches）是指加拉帕戈斯群岛上的本土雀鸟，包含多个种。那里的雀鸟使达尔文意识到，生物由一个共同祖先分化出多个种，以适应不同的环境。后人为了纪念这些雀鸟对达尔文自然选择理论的贡献，将其称为达尔文雀。

需。所以，在大家庭里，姐妹们可以通过发展各自的偏好来实现和谐共处，就像如果你专吃鸡胸肉或者土豆泥，你就不用和别人抢鸡腿了。曲尾藓属大家庭中的成员就发展着各自的偏好。避开竞争，多种苔藓就可以共存，它们享有各自的栖息地，不必与姐妹们分享，这是苔藓世界的平等机制，每种苔藓都拥有"一间自己的房间"[1]。

曲尾藓家族中的姐妹们各有自己的家庭角色，就像任何一个大家庭中的姐妹一样，你一眼就能认出谁是谁。直毛曲尾藓是低调型——没什么特点，常常被忽略，鬈曲的短发总是乱糟糟。它就好比那个只能在周末大餐上分得鸡翅膀的姑娘，只能在别人挑剩下的地方住，比如偶尔露出地表的树根，或者裸露的岩石。

直毛曲尾藓

在潮湿背阴的岩石上，还住着迷人的直叶曲尾藓，它有着长长的、闪亮的叶，甩向一边。这是曲尾藓中的豪华型，让你想用手指抚摸它的丝滑，把头枕在它绵软的垫子上。当这对姐妹共同居住在一块巨石上，最抢风头的直叶曲尾藓就会占据最好的地盘，它高出其他姐妹，优先享有湿润的水汽、适宜的光照和肥沃的土壤，而直毛曲尾藓只能插空生长。所以，如果看到直叶曲尾藓把妹妹挤到边缘，占领了它的地盘，也便没什么好惊讶的了。

---

1 这里化用了弗吉尼亚·伍尔夫的代表作《一间自己的房间》(*A Room of One's Own*)。

其他曲尾藓倾向于避免在同一个区域生长，以防它们各自强烈的个性发生冲突。鞭枝曲尾藓（*D. flagellare*）的叶子又直又整齐，就像军队里要求的寸头。它总是离群索居，只选择那些已经朽烂很长时间的木头作为栖息地。它就像家族里颇为传统的女孩，大部分时间都坚持独身，靠自身演化出的克隆能力来绵延子嗣。独居的、总是颜色鲜绿的绿色曲尾藓（*D. viride*）有着不为人知的脆弱的一面，它的叶尖总是断裂，像被咬过的指甲。而波叶曲尾藓（*D. polysetum*）则堪比家族里最能生育的女子，众多的孢子体确保它能孕育无数的后代。长着波浪形长叶的皱叶曲尾藓，覆盖在沼泽土丘顶部，还有特立独行、桀骜不驯的绒叶曲尾藓（*D. fulvum*），等等。曲尾藓家族有十余位强大的女性。

波叶曲尾藓

我倒上第二杯咖啡，继续耐心地整理苔藓标本，这时《跨城五姐妹》的周六聊天把话题转移到了男人身上。五姐妹中有的已经结婚，过着幸福的家庭生活，有的依然单身，又聊起了上周末寻找真命天子的话题，深入讨论"承诺"这件事和什么样的个性可能适合当爸爸。寻找合适的伴侣，是所有女性都会关心的事，对于曲尾藓也是如此。我们前面已经说过，苔藓的有性繁殖不确定性很大，这一过程受制于弱小的、存活时间很短的精子的活动范围。由于缺乏可以在其中游动的水，精子游向卵子的路困难重重，它们的成功取决于适逢其时的降雨。精子必须克服那些令它们举步维艰的障碍，游到卵子那里，即便这些障碍只是使它们与卵子相隔几英寸。这段距离是如此近，却又那样远，大多数卵子都静静地待在颈卵器中，耐心地等待着永远不会到来的精子。

绒叶曲尾藓

　　有的苔藓演化出了一种可以增加卵子与精子相遇概率的方法。它们变成了雌雄同株。毕竟，如果卵子和精子由同一植株产生的话，有性繁殖的成功率就得到了保证。令人振奋的是，它们将顺利繁衍后代；而麻烦的是，它们都是近亲繁殖。曲尾藓属的苔藓还没有任何一种演化成雌雄同株，它们保留着性别间的差异，而且界限分明。

　　雌株与雄株之间交流如此困难，可曲尾藓却能成片地举着很多孢子体，而且很常见，这些孢子体是无数卵子和精子相遇的结果啊。我现在就守着一丛直叶曲尾藓，它至少有 50 个孢子体，代表着 5000 万个孢子。它们到底是怎么繁殖成功的？你可能会猜想，它们成功的关键在于良好的性别比例，每一株雌株周围都围绕着无数的雄株。确实有些苔藓采取这样的策略，但曲尾藓并没有。

　　电台节目里，五姐妹正在比较她们第一次约会时给自己设定的原则，我则开始一点一点地分开这丛直叶曲尾藓，寻找那些为繁衍后代做出贡献的雄株，那些英勇的男子汉们。我剥开来的第一株是雌株，第二株、第三株也是。这丛曲尾藓上的每一个植株都是雌株，而且每一株都受精孕育。没有一株雄株，就有了这么多受精的雌株？真让人忍不住怀疑，难道这是无须交配的圣灵感孕？在苔藓研究的领域，尚未有过如此记录。

我把一株雌株拨到显微镜下仔细观察，眼前的发现和我设想的完全一致。解剖雌株，可以看到鼓鼓囊囊的受精卵正孕育着下一代。雌株的茎上覆盖着密密匝匝的长叶，优雅地摆向一边，这是曲尾藓特有的风姿。我沿着一片弯曲的叶的弧形轮廓看过去，看到它整齐漂亮的细胞和闪亮的叶中脉。然后，我注意到一个小小的像胡须一样的突出物，在我以往的观察里，这种突出物我只见过一次。调整显微镜的放大倍数，我能看到那个突出物是一束非常细小的像毛发一样的叶子，在显微镜下，那就是从曲尾藓巨大的叶上生长出来的一株迷你植物，就像大树树枝上生长的一丛蕨类植物。再放大，香肠状的囊出现了，毫无疑问，这就是精子器，里面蓄满了精子。遍寻不见的"父亲"终于找到了：借助显微镜才能看到的雄株，缩小自身的体型，隐藏在他们未来伴侣的叶间。他们进入雌株的领地——有点像是偷偷摸摸地发展亲密关系——只为达到一个目标：让自己尽可能地接近雌株，以便柔弱的精子能够轻而易举地游过那段通往卵子的路程。

在曲尾藓属的生命史中，雌株掌控着全局。无论是在数量上、体型上，还是能量上，雌株都占据着绝对的主导地位。就连雄株是否能够存在，都要依赖雌株的力量。受孕雌株产生的孢子最初是不分性别的。每一颗孢子都可以长成雌株或是雄株，这取决于它们在什么样的环境里扎根。如果一颗孢子来到了一块尚未被其他植株占领的新的岩石或者木头上，它将发育成一株正常的雌株。但如果孢子落到了同种曲尾藓的领地，它将在领地上雌株的叶间游荡，最后卡在某处，雌株将决定它的生死存亡。雌株会不断产生激素，刺激那些命运未卜的孢子长成矮小的侏儒雄株，而这被囚禁的雄株将会成为这个母系社会中下一代的父亲。

五姐妹正在采访一个人，围绕的话题是家庭中双职工情况会带来哪些影响。我真想给她们打热线电话，听听她们会怎么谈论曲尾藓家庭中的夫妻关系。五姐妹也许会有五种观点来评价侏儒曲尾藓丈夫：女性专政的典型案例；在强大女性面前男子气概的屈服；这种转变很公道啊；喂，先不对他们做什么评判，他们很可能是敏感的"90后"，会主动给女性空间；他们还在乎身材的差异吗？

在这个时代，在我们生活的地方，男性和女性都拥有难能可贵的权利，那就是可以不必考虑我们对种群繁衍的价值，单纯地去建立男女之间的关系。天知道人类已经在这个地球上何等壮大。男性和女性以什么样的方式来达成权力的平衡或是家庭关系的和谐，都不太可能影响人口变化的轨迹。

但从曲尾藓演化的视角来看，性别关系的不对等对生命的影响十分重大。侏儒雄株有效地解决了受精的问题。整个种群，雌株和雄株，都受益于这样的演化。发育至正常体型的雄株会成为它自身传承基因的障碍，它的叶和枝都将增加精子和卵子之间的距离。而侏儒雄株比正常雄株的后代要多得多。它可以最高效地输送精子，最大程度地为繁衍下一代做贡献，然后默默退场。

　　促使曲尾藓家族的姐妹们彼此区别的那种驱动力，同样也是让曲尾藓的雄株和雌株间产生巨大差异的驱动力。在一个家族中，竞争会削减每一个成员成功的可能性。因此演化的进程偏爱特异化，从而避开竞争，提高每一个物种生存下来的可能性。体型巨大的雌株和体型矮小的雄株无法形成竞争。雄株变小，是为了更好地运输精子；雌株大，是为了抚育精子与卵子相遇的结晶——孢子体，这是它们的后代，它们共同的未来。没有来自伴侣的竞争，雌株可以拥有所有最好的栖息地，光照、水源、生长空间、营养物质都能保证，这一切都是为了孕育下一代。

　　《跨城五姐妹》的节目接近尾声，结尾奉上了一份柠檬慕斯的配方。配方听起来棒极了。外面雨停了，工作也完成了，于是我微笑着关掉收音机。该回家吃午饭啦，今天的午饭可是我体型正常的丈夫精心准备的呢。

　　　　　　　　　　　　　　　　　　　苔藓森林

6

对水的亲近

在纽约州北部我家所在那些小山的山顶，槭树光溜溜的灰色枝干伸向冬日的天空，仿佛是谁用刚削的铅笔勾画出来的。而威拉米特河谷（Willamette Valley）的俄勒冈栎，则像是用粗粗的绿色蜡笔画出来的。连绵的冬雨使树干保持着旺盛的样子，附生其上的苔藓一片绿意，而树木自己的叶子正在休眠。树干上丛生的苔藓源源不断地往下滴着水，浸透了树下的土地，提前为夏天准备好了土壤蓄水库。

等到八月份，冬天储藏的雨水早已消耗殆尽，土地再次变得干渴。栎树叶子在热烘烘的空气里垂挂枝头，吵闹的蝉正大声预报着天气：已经连续 65 天没有下雨了。野花已经藏到地下去躲避干旱，大地上只剩下一片烤得焦枯的草。苔藓的织毯此时也在夏天的栎树皮上干瘪下来，它们皱缩着，像金属丝般干硬，几乎认不出来了。在夏天的干旱里，栎树林安安静静地等待着。所有生长行为和生命活动都在干旱的沉睡中暂停了。

林登（Linden）的飞机晚点了，于是我慢悠悠地走到咖啡吧排队，消磨着时间。柜台上有一个钱罐，装着半罐十分和一分的硬币，旁边有一个手写的标识牌："如果你不喜欢收纳硬币，就把找零的钱放在这里吧。"也不知道为什么，我盯着它看了一会儿，心里想着我要掏空口袋，把身上重重的硬币都丢掉，然后把女儿接回家——那个曾经的小女孩，那时她站在一把椅子上，身上穿着我的围裙，围裙带在她腰上足足绕了三圈；她切着情人节的小饼干，厨房里粉色糖霜洒得到处都是。

苔藓进入了漫长的等待期。也许只要等些天，露水就会重回大地；也许还要耐心地等上好几个月，干旱才会过去。它们存在的方式就是接受生命中的际遇。它们完全臣服于降雨规律，努力改变自己，以获得生的自由。

已经有很多等待的日子从我的生命中流走，我一直屏着呼吸，努力嗅探雨的气息，直到情况改变。我记得我曾盼望自己快点长大，好坐上期待已久的那辆校车；后来，我终于坐上了校车，却不得不边等边跺脚，好抵抗刺骨的寒冷。我记得在整整九个月甜蜜的等待之后，我的宝贝来到了这个世界；然后时间太快，不久我就已经在高中篮球比赛的场外等待我的孩子们了，手指不耐烦地敲着方向盘。现在，我在等林登的飞机着陆，飞机将把她从大学校园里带回来，我希望能挽着她的胳膊，一起陪在我祖父的病床边。

夏日附着在栎树上被炙烤得发脆的苔藓，它们在上演着什么样的等待艺术？它们缩起身体，仿佛在自己的白日梦中神游。如果苔藓真的做梦，我想它们肯定会梦见下雨。

苔藓必须保持湿润，好让魔法般的光合作用顺利发生。苔藓叶上要保有一层薄薄的水膜，这是二氧化碳溶解和进入叶的通道，然后光和二氧化碳才能开始转化为糖。离开水，一株干燥的苔藓是无法生长的。苔藓没有根，不能从土壤中获取水分，只能祈求雨水的恩赐。因此，在长期保持湿润的地方，苔藓是最茂盛的，比如瀑布飞溅的水雾长期淋洒的区域，还有泉水长期滋养的崖壁。

但苔藓也会在干燥的地方栖息，比如正午的太阳下暴晒的岩石，干燥的沙丘，甚至沙漠。树的枝干在夏天仿佛一片沙漠，在春天则是一条河流。只有那些能容忍这种两极化的植物才能在这样的环境里生存下来。这些俄勒冈栎的树皮上常年覆盖着蓬松的树羽藓（*Dendroalsia abietinum*）。学名中的"*Dendroalsia*"可以翻译为"树之伴侣"。跟与它相似的其他植物一样，美丽的树羽藓能够忍受湿度的大幅度变化，而且面对这样的环境，它们做出了一系列演变，即"变水性"（poikilohydry）。它的生命由水的到来和离去所牵系。变水植物了不起的地方在于，植物体内的含水量会随着环境中的含水量变化。当湿度足够大，苔藓可以充分吸收到水，生长得很快。而当湿度降低，空气干燥时，苔藓也随之脱水，最终彻底干燥。

这种戏剧般的脱水对高大植物来说是致命的，它们必须保持稳定的水分含量。它们的根系、维管组织和复杂的水分涵养

干燥卷曲的
树羽藓植株

机制，使它们能够抵抗干旱，保持生命力。高大植物在抵御水分流失这件事上做出了很多努力。但如果水分损耗已经相当严重，植物的所有保水机制都将失效，植物会枯萎、死去，就像我离开家去度假后窗台上的那些花草一样。但大多数苔藓对干旱导致的死亡是免疫的。对它们来说，脱水只是生命中暂时的停顿。苔藓甚至可以在流失98%的水分的情况下保持存活，一旦有了新的水分补给，它们就会恢复活力。即便是在发霉的标本柜里以脱水状态待了40年的苔藓，也依然能够在培养皿中经充分浸润后完全复苏。苔藓与变化这件事达成了契约，它们的命运与雨的变幻莫测联系在一起。它们把自己变小，皱缩起来，同时小心翼翼地为自己的重生打好基础。它们给予我坚定的信念。

　　林登走下飞机，她很开心回来，脸上满是属于女孩的那种微笑，但她的眼睛里透着女人的成熟，正用目光打量我的脸，嗅探着我对她的牵挂。我用大大的笑容非常肯定地回应她，然后紧紧地拥抱了她。走在她旁边，我立刻感觉到，她已经不再浪费光阴去等待什么，而是抓住每一天去成为什么。我也意识到，在这个世界上，没有什么东西能与我交换眼前这位可爱的年轻女性，她充满活力，挽起我的胳膊，而我的臂弯曾经是她蹒跚学步时的摇篮。

　　　　　　　　　　　　　　　　　　苔藓森林

变水性使苔藓能够在水源紧张的栖息地生存下去，而比苔藓更高等的植物反而无法存活。不过，苔藓也要为这种容忍度付出很大代价。只要苔藓变干，它们就不能进行光合作用，所以苔藓只能在既有水又有光照的情况下生长，这意味着它们往往只有一些短暂的生长机会。演化的过程中，那些可以延长生长期的苔藓获益更多。它们掌握了优雅又简捷的方法来留住无比珍贵的水分。不过，难以回避的干旱仍会来临，它们会全然接受并为这场隐忍做好万全的准备，静静等待，直到雨水回归。

地球大气圈牢牢地控制着水的来去。云总是很慷慨，大方地降下雨水，而天空总是很强硬，通过蒸发作用又把雨水召回。苔藓当然也不会逆来顺受，它用自己的方式来对抗太阳强大的拉力。苔藓就像一个会吃醋的情人，它想办法增加自己的吸引力，让水留在身边，哪怕只是多待一小会儿。苔藓的每一个部位都是为了让植株与水更加亲密而生。从苔藓丛集的外形到它枝条上叶的排列密度，再到最小的那片叶的微观表面结构，所有这些特点都是为了留住水，这是由演化进程的必然性所塑造的。大多数植物都不会独自生存在某个区域，而是结伴占领某个地盘，就像八月的玉米地一样密实。一棵棵植株交错掩映，形成

变湿润的带有孢子体
的树羽藓植株

一个透气的叶的网络，这样的孔隙空间像一块海绵，能留住水分。交错得越密实，锁水的效率就越高。一片茂密的耐旱苔藓的植株密度，可达每平方英寸 300 株。如果从群体里脱离出来，单独一株苔藓立刻就会失去水分，变得干燥。

有她在身边，我觉得自己被拓宽了。她的故事让我大笑，还唤醒了我自己的故事，和她的故事交缠在一起。开车回家的路上，她坐在我身旁，不停拨弄着收音机的调频按钮，寻找她最喜欢的电台。我好像重新认识了自己，并且意识到，她不在身边时，我的那种失去感里，不只是失去她，而是失去了所有，失去了我的祖父、父母，还有我自己。那些树羽藓会优雅地拥抱失去，我们却是多么恐惧地抗拒失去啊！我们奋力抵抗着不可避免的事，把生命消耗在毫无用处的拒绝上，就好像我们真能逃避岁月的流逝，逃避年轻的脸颊一天天干瘪下去。

苔藓丛间的细小孔隙对水有很强的吸附力。由于水的黏合属性，水分子可以稳稳地停在叶的表面。水分子的一端是带电荷的正极，另一端是负极。这让水可以附在任何带电荷的表面，无论是正电还是负电，而这两种极性的电，苔藓的细胞壁都有。水的电荷两极性使得水分子之间紧密结合，牢牢地挨在一起，一个水分子的正极端连着另一个水分子的负极端，首尾相接。凭借强大的内聚力和附着

　　　　　　　　　　　　苔藓森林

力，水能够在两棵植株之间架起一座透明的桥梁。这座桥具有足够的抗拉强度，可以跨越一个个孔隙，不过，如果间距过大，也会崩塌。苔藓精巧的叶和矮小的体型营造了恰到好处的一个个小空间，在水的毛细作用下，一座座桥梁就形成了。苔藓植株，苔藓的枝条和叶，以这样的方式错落排布，让水可以留存得更久，并在毛细作用的拉力下对抗蒸发作用。没有这些有效机能的苔藓很快就会干燥死亡，被自然选择所淘汰。

来看看一颗雨滴落在一片宽大平展的栎树叶上的样子。有一瞬间，雨滴呈珠状，上面映着天空，像一颗水晶球，然后，它便滑落地面。大多数树叶是疏水的，好让根部来吸收水分。这些树的叶子表面有一层薄薄的蜡质，这道屏障既阻挡水进入，又防止水蒸发。但苔藓的叶没有任何屏障，只有一个细胞的厚度。每片叶的每个细胞都与大气亲密接触，因此水滴会立刻被细胞吸收。

去医院的路上，我们聊个不停，有时聊到她曾祖父，不过大部分时间是在聊她的大一新生活，这段还在进行中的非常棒的时光。她跟我说她的班级，说那些我从未见过的人的故事，说他们的徒步旅行。我能听出她的激情：向着未知的领域勇敢前行，这是她以前从未想过的。听着听着，我发现我竟然有些羡慕林登，她对世界是完全敞开的，对她来说，变化只是一个诱饵，诱惑她去拥抱想象中的可能性；而不是预警信号，预示即将到来的失去。但我也知道，我无法建起一道阻挡那些失去的高墙，也没有一道高墙可以孤立我，切断我与世界的联系。

　　树的叶子统统都是平平整整，好尽可能多地拦截光线，叶与叶之间隔得远远的，避免互相遮挡。但对苔藓来说，光没有水那么重要。所以，苔藓的叶与树的叶子完全不同。苔藓的每一片叶都被打造成"水房子"。苔藓没有根和任何内部运输系统，它们只能靠身体表面的形状来移动水分。有些苔藓通过细微的线形结构——鳞毛（paraphyllia）来形成毛细作用，促进水的流动。鳞毛密密麻麻地包裹在茎上，就像一床粗羊毛的毯子。一些苔藓的叶的形状和布局也有利于收集和保持水分，向下凹的叶刚好能用它们的碗形凹陷接住雨滴。还有的苔藓有长长的叶尖，它们卷曲成细小的管道，里面可以汇集水分，并把水分输送到叶表。苔藓的叶挤挤挨挨，交错重叠，制造出很多小小的内凹容器；水游走在苔藓的叶组成的空间里，由这些容器持续不断地导流。

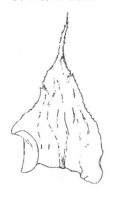

　　就连叶的微观表面也是精心雕琢，以吸附和留住薄薄的水膜。比如有些叶可能会皱成微缩版手风琴的样子，把水困在褶皱的缝里，连绵起伏的叶表创造了一种由起伏的小山和储满水的山谷构成的微观地貌。栖息在干旱区域的苔藓，叶的细胞表面常常布满细小的鼓包，这种鼓包被称

为疣突（papillae）。叶的表面因此变得粗糙，把叶子夹在指间轻轻摩擦就能感觉到表面的凹凸。水的薄膜就在疣突间铺展，而疣突就像从湖泊中升起的小山丘，让叶可以留住水，多一点点时间进行光合作用——即便是在阳光猛烈、炙烤一切的时候。

我办公室书架的最上面一层，整整齐齐地摞着盛放干燥苔藓的盒子，我小心地收藏着它们，用来作为研究项目的参考资料。每当我取出一种苔藓，都必须把它淋湿，这样我才能看清进行物种鉴定时所依凭的那些精细特征。其实我也可以直接把苔藓放在培养皿里浸泡几分钟。但即便从事科研这么多年，我还是喜欢老办法，一滴一滴加水，看着显微镜下的苔藓植株渐渐复苏，这个老旧的仪式让我感到无比快乐。我把这个仪式视作一种致敬，致敬苔藓与水的这场非凡的婚礼。苔藓和水之间仿佛有磁力相互吸引。我往干燥植株的尖端滴一滴水，水滴在苔藓的叶间疾走，就像一道洪流冲下逼仄的峡谷。一滴滴水沿着一条条通道，渗透每一个小空间，它们在隆起的叶下继续涌动，使叶向外弯曲。原先干燥卷曲的叶展开了，在显微镜的视野里，满是水光和运动。

叶与茎的连接处有一群特殊的细胞：角细胞。肉眼看上去，它们着生在叶基，呈新月形，闪闪发亮。在显微镜下，角细胞比一般的叶细胞要大得多，细胞壁通常较薄。角细胞内部空间大，可以迅速吸收水分，整个细胞就像一个透明的水气球一样膨胀起来。角细胞的膨胀会把叶向外推，推向远离茎的方向，这样叶就能以一个更合适的姿势来捕获光
线。不用神经，不用肌肉，苔藓就能感知
水的存在，它们抓住每一丝机会生长，把
叶调整到最佳角度来进行光合作用。叶基
吸取足够的水后，水分满溢出来，流到下
面的叶上，这样就在一片片互相重叠的叶
下面创造出一串互相连通的池塘群。不用
几分钟，整棵植株就吸饱了水，变得圆润可爱，闪闪发亮，水也
不再进入苔藓细胞了。复苏苔藓的工作就此完成。苔藓改变了水
的形状，水也塑造了苔藓。

苔藓和水相互作用的方式，不也是我们去爱别人的方式和爱促
使我们打开自己的方式吗？对爱的渴望塑造了我们，爱的陪伴让我们
宽广，爱的离去让我们萎缩。

各种植物和动物都有复杂有效的方法来保持水平衡，比
如运用压力泵水，发展出储水、运水的管道和容器，通过汗
腺调节，或者用肾脏帮助机体代谢。这些有机体把大量能量
都用在与水相关的机能上了。而苔藓聪明地利用水的表面张
力，轻松解决了水的运动问题。苔藓的生长形态也是为了利
用水的黏合力和内聚力，它们自己不用费一丁点力气，就能
随心所欲地调动水分。这种优雅的设计是极简主义的完美典
范：对于那些最原初的自然之力，要谋求其助力，而非拼命将

　　　　　　　　　　　　　　　　　　　　　苔藓森林

其战胜。

我的祖父如果有机会看到苔藓的这种优雅设计，肯定会大为赞赏。他是一位木匠。他的小店就是一个琳琅满目的工具铺，精密车床、手摇钻、古董刨子、雕刻凿，每一件工具都有自己的用处。在祖父手里，什么材料都不会浪费。比如瓶口有一圈圈螺纹的婴儿食物罐、一块胡桃木木板，还有那根被他抢救出来的螺旋楼梯中柱，等着祖父把它变成祖母厨房里的一只碗。祖父的设计清爽简洁，总是顺应木头原料的特性来完成手里的活儿。

尽管苔藓想出了很多保水策略，但这些策略也只能暂时减缓蒸发作用。太阳永远是这场博弈中的胜者，在烈日炙烤下，苔藓还是会干燥枯萎。随着水分重新回到大气，苔藓的形态会发生巨大的变化。有的苔藓合上叶，或者把叶向内卷起来。这样可以减少叶暴露在阳光下的表面积，并裹住叶表最后一点水。几乎所有的苔藓变干时都会改变形状和颜色，这时物种鉴定就会难上加难。有的叶皱缩了，有的叶呈螺旋状缠绕着茎，变成一件斗篷，以抵御干燥的风。树羽藓的羽状枝变黑并向内盘绕，看起来就像木乃伊猴子的黑色尾巴。苔藓们纷纷从擎着柔软的叶的姿态变成黑黑的一丛，松脆、干燥、弯弯曲曲。

我的祖父太高了，医院里的病床几乎都躺不下他。他周围是医疗器械的丛林，这些器械维持着他的生命。他的身体是这片丛林里唯一温柔的存在，与那些坚硬的表面、尖锐的拐角和电子设备发出的连续不断的嗡嗡声格格不入。一条静脉注射的管子插进他的胳膊，里面的液体是用来防止他脱水的。注射液是经过严格校正的，可以让祖父身体里87%的体液维持正常，另外13%则踏上了向病魔屈服的道路。

苔藓的叶在干旱中皱缩，同时，苔藓细胞内的生化构成也在为干旱做准备。就像一艘准备好停在干涸码头的船，它的基本功能被小心地关闭，船上物品也被安置妥当。细胞膜也在发生着变化，慢慢失水萎缩，但不会对细胞造成不可逆转的永久性伤害。最重要的是，细胞中的修复酶开始合成并储存起来，等待未来的复苏时机。它们被包藏在皱缩的细胞膜中，宛如生命之舟。当雨水再次来临，它们便能够修复细胞，使细胞完全恢复活力。随后，细胞内部的运作机制开启，并迅速修复脱水带来的伤害。干燥的植株淋湿后，只要20分钟，就能从脱水状态变成一株活力满满的苔藓。

墓地里，我们站在一起，将先前所有的不舍和抗拒都抛掷一边。我握着祖母的手，看着祖母脆弱的神情，她仿佛随时都会崩溃。我母亲的眼神在我们之间游移，把我们每个人拢在一起。我的小女儿，脸蛋还粉粉的，正在人群中间挪动着，不知道自己该站哪里。最后她站到了一圈同辈女孩间，她们手挽着手；而终有一天，她也会成为那个要放手的人。当玫瑰花从她的手里滑落，我们都更紧地握住了彼此的手。

留住水分，抵抗太阳的炙烤，之后又恢复生命活力，这是一种共同体的智慧。没有哪一株苔藓能独自挺过这道难关。度过干旱的时节，需要苔藓们把叶和枝条互相交缠荫庇，肩并肩创造一个储藏水分的地方。

终于，秋天软软的乌云飘来，整个夏天都干干的天空总算暗了下来，一阵湿润的风吹散了地上干燥的栎树叶子。空气蓄满了能量，苔藓仿佛静立在那里，警觉地嗅探着风中裹挟的雨的气息。它们就像被干旱囚禁的俘虏，此时所有感官都向救援者敞开。

当第一滴雨水降落，雨点渐渐变成雨线，又变成倾盆大雨，一场积蓄已久的热烈重聚开启了。雨水淌过苔藓为迎接它而精心建造的那些熟悉的路，涌过细小的叶搭成的水渠，进入了一个个毛细空间，渗透每一个苔藓细胞。没过一会儿，热切盼望雨水的细胞就充盈起来，推挤着茎向天空伸展，充胀着叶不断打开，整个植株都沐浴在雨中了。雨下起来的时候，我从屋里跑出来，跑进树林。我想亲眼看着苔藓舒展身体，恢复活力。我还要借此和变化达成契约，立下放手的誓言，抛却对分离的抗拒，兑现自己继续向前的承诺。

大雨把树羽藓从僵硬的姿态中唤醒，使它再次充满生机。树羽藓的身体活动起来，展开一根根枝条，重新搭建起具有对称性的结构，让层层叠叠的叶整齐匀称。每一棵植株的茎都伸展开来，显露出柔嫩的核心，沿中线排布着的全是微小的孢蒴，里面进射出孢子。树羽藓日日翘首企盼的就是这样一场雨，好让女儿们随着飞溅的水雾离开母体。栎树再次看起来绿意盎然，空气里充满了苔藓的气息。

7

弥合创伤：苔藓与生态演替

畅快地登上山，吃过午饭后小憩片刻，我看着一只蚂蚁使劲拖着一粒芝麻爬过裸露的岩石，那粒芝麻是它从我掉的三明治碎屑上找到的。它把芝麻搬进岩石的裂缝里，那里长满了金发藓，这类粗硬的苔藓，就在裂缝里积的一小把土上住了下来。也许到明年夏天，徒步者经过这里时会发现一株芝麻的幼芽，不过这岩石裂隙中已经有了一株小小的云杉苗，它是从落到苔藓中的一粒种子萌发出来的。蚂蚁、种子、苔藓，都在它们各自的生命路程上奔走，无意间变成了齐心协力的盟友，占领一片空地，在一块裸露的岩石上耕耘出一片森林。生态演替的进程像是一个正反馈循环，亦如一块生命的磁铁，吸引来更多生命。

站在猫山（Cat Mountain）[1]的圆顶俯瞰，五大湖荒野（Five Ponds Wilderness）在我脚下铺展，形成密西西比河东岸最大的荒野区。一座座山在这片荒野上绵延，伸向天边。山顶的花岗岩被阳光晒得温热，它们是这地球上最古老的岩石之一，相

1　猫山位于阿迪朗达克公园东部五大湖荒野的北部，它的北面就是克兰伯里湖。

较之下，山下古老的森林也不过是新生的晚辈。就在一个世纪前，红尾鵟乘着上升的热气流飞过被火烧焦的山脊，飞过树木被砍光的山谷，飞过零散分布的一块块古老森林。阿迪朗达克山脉曾被称为"荒野重生的希望"。现在，奥斯威加奇河（Oswegatchie River）[1]沿岸鲜有人类打扰，熊和鹰沿着蜿蜒的河道捕食鱼类。当年的伐木车辆已经不见踪影，生态演替治愈了曾经的创伤，次生森林茂密广阔，形成牢不可破的屏障。但这牢不可破，要除去北边的一块伤疤。在那里，一道很深的豁口刺破了绿色的森林，在 10 英里[2]外就能看见那块没有树木的荒地。

这一带的岩石富含铁矿。有些地方会让指南针飞速旋转，让你怀疑自己是不是无意间走进了迷离时空[3]。你可以用吸铁石吸起海边的沙子。阿迪朗达克山脉非常早就开始了铁矿开采，在本森铁矿（Benson Mines），人们为开矿而碾平了一座山。铁矿石被送往世界各地，而被碾平的山体变成了尾渣废浆，通过管道排放出去，堆了足足 30 英尺厚。随后市场跌至谷底，工人们失去了工作，矿山关闭，留下数百英亩[4]的沙荒地，成了湿润葱郁的阿迪朗达克山脉中的一片撒哈拉。

---

1 奥斯威加奇河全长约 137 英里，发源于猫山南边的帕特洛湖（Partlow Lake），向北流经克兰伯里湖后水量增大，之后一路向北向西，汇入与安大略湖连通的圣劳伦斯河（St Lawrence River），圣劳伦斯河继续向东北延伸，在加拿大的魁北克入海。作者在阿迪朗达克荒野所研究的区域几乎都在奥斯威加奇河流域。

2 1 英里 = 1.61 公里。

3 这里化用美国二十世纪五六十年代著名剧集《迷离时空》（The Twilight Zone）的剧名。

4 1 英亩 = 4047 平方米。

　　　　　　　　　　　　　　　　　　苔藓森林

现行的法律要求恢复矿区生态，但本森铁矿的恢复问题被遗忘在法律管制之外，并未得到改造。也有人有一搭没一搭地进行植被恢复，但最终都以失败告终。有人在矿区的一些地方种植美国中西部草原上常见的一些草，但这些草缺乏肥料和灌溉，都活不长。而且随着草皮贸易由国内贸易转向出口，这些草也不再有供应商了。还有人种树，有限的几棵松树存活下来，黄蔫蔫的发育不良。我搞不懂种这些植物是一种做贡献的行为，还是一种尽义务的假象，但总之都没什么实际意义，就像是在一座注定要被废弃的建筑物上画了一幅墙绘，于事无补。只种下植物是不够的，这里必须有可以维持植物生长的东西，而富含腐殖质的土壤被埋在没有任何肥力的沙子深处，在尾矿残渣之下发出阵阵悲泣。如今这座尾矿被官方归类为"孤矿"（orphan mine）。很少有如此直接和上口的官方定名，这片土地确确实实没有任何人关心了。

开车在阿迪朗达克地区的道路上行驶，经过波光粼粼的湖泊和繁密的森林，几乎从来不会看到路旁有什么垃圾。人们深爱这片荒野，显然也非常关心这里的生态。但就在纽约州3号公路穿过铁矿区域的地方，桤木上挂着塑料袋，啤酒罐漂在沟渠中铁锈色的水中。漠视也会形成一种正反馈循环，垃圾会吸引更多垃圾。

我转弯开进一个墓地，包围在废矿之间的这块绿地看起来很扎眼。采矿公司既不关心活着的生命，也没有给死者半分尊重。一条小道从亲属们精心照料的墓碑间穿过，紧接着就是矿渣区。抛光的花岗岩石碑黯然隐退，一片自行成就的怪异的"纪念碑"群像赫然在目：一截锯木机上的生锈刀片半埋在土里，用钢筋焊接成的名称首字母标识兀自支棱着，一台老式电视机的天线弯曲成十字的形状。这里的故事很多，都埋藏在废渣之中。通往矿井的小路横穿过用来堆放扫墓废旧物品的垃圾堆，不知道哪年的圣诞花环依旧挺立在那里，还有一些白色塑料筐，里面放着粉色塑料花，这些都是悼念亡者的残迹。

　　我走上废矿的斜坡，脚踩在松松的沙子上直往下滑，就像走在沙滩上似的。我不介意鞋子里进沙，这些沙并没有毒，不过是像大多数荒漠里的沙子一样，对生态环境来说是一种恶劣的存在。这些沙子无法保持水分，所以雨水很快就会渗漏，沙子又会变得干燥。没有植被，就没有有机体来吸收水，就无法建立一个营养循环的基底。没有树木的荫庇，沙子表面可以达到极高的温度，我曾测到过 127 华氏度（约 53 摄氏度）的高温，完全可以令一株柔嫩的幼苗彻底枯萎。斜坡上散落着用过的猎枪弹药筒，还有浑身弹孔的罐子。地上还有一些奇怪的造型，这儿一处，那儿一处：丝丝缕缕的织物勾连在一些雪糕棍之间，像是一顶顶迷你帐篷；旧毛毯的破烂碎片躺在沙子上，好像一个热情推销真空吸尘器的销售商摆出来演示产品效果的东西。

　　前方不远处，我看到艾梅（Aimee）正跪在矿渣上，红色的卷发塞在宽边帽下面，怀里抱着一块记录板。她抬起头，一开始很忧虑的样子，然后冲我微笑起来。我知道她很开心今天我能来帮她调研，有一个伙伴同行，她感到很宽慰。上周，她发

　　　　　　　　　　　　　　　　　　　　　　　　　苔藓森林

现一个极其讨厌的威胁潜入了我们整洁的实验样地。垃圾会吸引更多垃圾。至少今天她听到的脚步声只是我发出的，而不是来自那个可恨的威胁。

艾梅的研究课题是苔藓在废矿区生态演替中的作用，她已经在各处设置了很多实验样地。我们现在就是要一起在废矿上检查其中一些样地。斜坡往上变平缓的地方，能看到轮胎碾过的痕迹。当年那些罐体上用油漆刷着"喝奶的小苏"[1]或者"运粪车"字样的液罐卡车，就趁着夜色，往这里非法运输污物。化粪池的恶臭弥漫在空气中。人们曾经以为早已一冲了之"处理掉了"的东西现在重见天日，已经干燥的污物全都凝结在一个池子里。如果有土壤将其覆盖，保持水和养分，也许这里的生态还能有所恢复。但没有土壤，露天的污物迅速干掉，只留下一片淤结着烟头和粉色卫生棉条的坚硬壳子。垃圾会吸引更多垃圾。

在这堆废弃物的另一侧，有一块土地已经在自我疗愈，既没有借助污水中的营养，也没有外来植草的帮助。这里有一丛丛明亮的山柳菊和车轴草，还有散布其间的月见草，它们就扎根在矿渣中。换一个环境，它们会被认为是杂草，但在这里，它们的存在无比珍贵。尤其是对围着它们飞来飞去的蝴蝶来说，它们就好像是周边唯一的花海。它们也确实是的。

---

1 "喝奶的小苏"（Sippin' Sue）是 20 世纪 70 年代美国通用磨坊公司使用的一款用来推广食品的玩偶形象。

斜坡的大部分地方覆盖着金发藓的织毯，与我在猫山山顶上看到的是同一种苔藓。我很佩服这种苔藓的韧性，能够适应这种地方的环境，换作别的苔藓，一天时间恐怕就枯死了。去年野外考察时，艾梅发现大部分野花不会直接在废矿渣上扎根，它们几乎总是在金发藓之上萌发生长。这个夏天，我们想弄清楚这种机制具体是怎么运行的。是苔藓来到了花朵投射的小小一点阴影下萌发，还是苔藓为野花野草的种子创造了一个安稳的生长环境，吸引它们在这里发芽？它们是怎样相互作用，促进生态演替的？艾梅叫我来看刚才我上坡时注意到的雪糕棍支起的迷你帐篷，那是艾梅特意搭建的，以便观察阴影会促进还是抑制苔藓的生长。阴影也许有助于解释苔藓和野花之间的关系。我们跪下来，侧着头往迷你帐篷里面看，帐篷下的苔藓柔软、翠绿，而斜坡其他地方的苔藓大多发黑发脆。走过干燥的苔藓就像踩在饼干上，它们在我们脚下不断碎裂。

我从小帐篷下拔起一株金发藓，用手持放大镜观察。金发藓的叶又长又尖，整个植株看起来就像一棵迷你松树。每片叶的中央，明亮的绿色细胞呈波浪状起伏，名叫栉片（lamellae）[1]。当植株湿润时，栉片就像太阳能电池板一样向着阳光敞开。金发藓与其他苔藓一样，只有当叶湿润且接受光照时才能进行光合作用。否则，苔藓就只能缓慢生长，等待适宜的机会，而这也

---

1 在一些苔藓的叶的中间，有一纵行凸起状细胞组织，称为栉片。正如这个名称的字面含义，在显微镜下栉片呈现出鳞次栉比的排列秩序。

是苔藓大多数时候面临的情况。所以，眼前的这些苔藓花了足足40年才在废矿渣上形成一小片绿毯，也就不奇怪了。

生长着苔藓的斜坡随着时间的推移不断变化着颜色。晨光中，它是一抹蓝绿色。金发藓硬挺的叶尖挂住昨晚的露水，然后把露水输送到叶的基部。叶在水的浸润下舒展开，充分享受早晨清凉的阳光。而当金发藓开始干燥时，叶就会向内卷曲，保护栉片，防止栉片脱水。这时金发藓不再生长，静静等待下一个环境适宜的时段。到午饭时间，金发藓的叶就都卷起来了，藏起了它们的绿意，像是一把收起的伞。这时，就只能看到植株基部已经枯萎的叶，它们使斜坡看起来如同被一层黑色壳子覆盖着。苔藓的叶卷起时，废矿区的表面就显露出来。你必须凑近了才能看清楚废矿表面的细节。阳光下的矿渣几乎烫得没法碰，跪下来仔细观察，会发现在废矿渣上皱缩的苔藓茎干之间，分布着星星点点的墨绿色。这些是由微生物形成的结皮（crust），它们是比苔藓更加微小的群落，与它们相比，苔藓就像耸立的高楼。它们由陆生的藻类、细菌和真菌菌丝的细长丝状构造互相缠结而成，利用苔藓提供的荫庇而存活。藻类是固氮好手，不断给废矿渣增加养分。

气温越来越高，我们想在下午两三点钟天气变得酷热之前完成今天的观察工作。到时候我们就可以回到阴凉的地方，在星湖（Star Lake）[1]的咖啡厅喝上一杯冰茶。而金发藓还在外面，

---

1 星湖也在纽约州立3号公路旁边，就在本森铁矿西边不远处。

它们附着在废矿渣上，经受着太阳的炙烤。金发藓卓越的抗逆性使它能够在这样严苛的环境中生存。它可以在完全无水的情况下延续生命，而对野草野花来说，这根本不可能。金发藓对矿质元素的需求仅从雨水中就能获得，不像高等植物必须通过根从土壤中吸收，而根却会在干旱中枯死。

一些小水沟，还有被风刮出来的光秃秃的地方散布于金发藓之间，打破了这床织毯的均匀顺滑。凡是没有生长苔藓的地方，废矿渣都在遭受着进一步的侵蚀。抓一把矿渣，矿渣会像水一样从指间滑落，一边落下一边被风吹散。但如果有苔藓附着在矿渣上，矿渣就会紧密地攒在一起，苔藓的假根会把沙土编织起来。我把瑞士军刀插入苔藓的织毯中，切出一个整齐的沙土圆柱，有几英寸厚，顶部覆着苔藓。苔藓下面的沙土被染得偏暗。就在这一点点沙土中，聚集了少量的有机物，这些有机物能减缓水的流动，巧妙地为土壤养分池积蓄物资。金发藓像头发一样的假根把废矿渣联结在一起，创造出一个稳定的表面。我们认为，其他植物如果要在这里生长，这种稳定性也许是一个重要因素。艾梅已经设计了一个聪明的实验来验证这一点了。

那些小小的乘风飞走的植物种子就像散落的沙粒，要追踪它们很难。所以艾梅去卖珠子的商店买了几瓶颜色最鲜亮的塑料珠子。有时候，我们在研究的这一类科学更需要的是创造性，而不是高科技设备。艾梅小心地把珠子以网格状摆放到矿山上不同情况的土地表面：有的摆在光秃秃的矿渣上，有的放在植

苔藓森林

物的阴凉下，还有一些放在苔藓的织毯上。每天她都会来数这些珠子。在两天的时间里，矿渣上的珠子都不见了，它们被风吹走，埋到了移动的沙子里；野花下面还留着几颗；但纪录创造者是金发藓，珠子嵌在金发藓的植株之间，丝毫没有受到风的影响。仅凭能为种子提供一个安全的萌发之所这一点，苔藓就很可能是一个非常棒的促进生态演替的角色。几天后，一项野外实验也证实了艾梅的结论。矿井边缘的杨树释放出它们棉絮一般的种子，它们从光秃秃的矿渣上丝毫没有逗留地飞过，却在苔藓密实的绿毯上停住了脚，就像猫咪的毛发牢牢粘在了天鹅绒的沙发上。

但塑料珠子不是种子，仅凭可以留住珠子这一点还不能保证种子会萌发，并长成一棵立稳根茎的植物。苔藓丛能帮助一粒种子萌芽，也同样可能成为一粒种子生长的阻碍，因为苔藓和种子也是竞争对手，它们都需要水、生长空间和宝贵的养料。苔藓丛可能会把种子顶在干燥的高处，让种子够不到土壤，永远没有发芽的机会；哪怕种子伸出了细小的根，也被苔藓阻隔了通向土壤的路径。所以，研究的下一步就是种下真正的种子。艾梅带着小镊子，还有满满的耐心，跟踪数百颗种子的命运，记下每一次萌发，并为这些种子做连续数周的成长记录。在每一个实验中，无论对哪种植物，她都发现种子与苔藓相伴成长时长得最好。金发藓似乎鼓舞了种子，使它们得以成功萌发。生命会吸引更多生命。

又或者并非金发藓的功劳？秉着合理的科学怀疑态度，我们在想种子所需要的是否只是一个保护它们的基质而已。或许它们根本不需要一棵活的苔藓植株。金发藓也许与一个物理的避难所并无二致。我们怎样才能弄清楚真实的情形？如果种子只是因为有了保护物而萌发，而并非因为苔藓这一特定存在呢？种子能够区分苔藓和一个有着同样结构的替代物吗？我们绞尽脑汁，想要创造一种实验基质，既与苔藓十分相像，又并非生命体。

语言赋予我们开展这个实验的突破口。人们常把苔藓称为"地毯"。这个比喻太恰当了，于是我们冲向了地毯店。我们飞速地在柏柏尔地毯（Berber）[1]和长绒毯间翻找着最像苔藓的地毯。密实的小地毯（rug）是苔藓丛的绝佳仿拟物，这种地毯上的毛根根挺立，排列致密。我们一路大笑着走过地毯店的展示廊，根据那些地毯与什么样的苔藓相像，给它们重新取名："都市达人"地毯变成了角齿藓（Ceratodon），"乡间花呢"地毯显然是青藓的人造亲戚。我们最后选择了一种名叫"深沉的优雅"的长绒地毯，这种地毯跟金发藓丛最像，羊毛面料，可以很好地保持水分，也能为落在上面的种子提供庇护。我们还买了一些边角料，是从一块人造草皮上剪下来的，它由防水塑料纤维制成，颜色是艳俗的草绿色。买来的每一样材料都被我们蹂躏了一番，生产厂家在做质保时绝对想不到会有人如此对待这些

1　柏柏尔地毯是北非柏柏尔人手工制作的地毯，编织这种地毯使用的纱线致密结实，使地毯经久耐用。

　　　　　　　　　　　　　　　　　　　苔藓森林

毯子。我们先是浸泡它们，去除化学物质，然后把它们打满孔洞，好让水能够渗透。

我们用小木桩把买来的毯子一块一块地固定在废矿上。艾梅在每一块毯子上都撒了很多种植物的种子，同样地，在裸露的废矿和真正的金发藓织毯上也撒了种子。现在，种子们要在多种生长环境之间做出选择，是选择提供水和庇护的长绒毯，还是选择能庇护种子但不能保持水分的人造草皮，或是选择真正的苔藓，又或是裸露的废矿？种子们会作何反应？

数周后，一场雷暴打破了夏季炎热的天气。雷雨声在这座老矿井当中不断回响。雨水冲刷光秃秃的废矿，就像透过一面筛子，让废矿暂时冷却下来。没有庇护的种子被冲进矿上的水沟，流走了。金发藓展开它的叶，显露出绿色，标志着自己正在迅速复苏；人造草皮毫无生气地伏在废矿上；长绒毯则浸得透湿，上面溅满了泥点。从真正有生命的苔藓丛中，挤挤挨挨地长出许多幼苗，它们是弥合这片土地创伤的第二批救援者，是这场生态恢复接力赛中继苔藓之后的第二棒选手。生命会吸引更多生命。

人类社群也没什么不同。就像生态演替一样，一个阶段引起下一个阶段。位于本森铁矿的这个小村庄，原本是一处伐木者的定居点，坐落在看似广袤无边的森林里。也许那时只有一座房子，就好像最先来到这里的一小丛苔藓。后来，越来越多的家庭跟随而来，这里也有了越来越多的孩子，进而有了学校，不断攀升的人口又催生了商店，然后有了铁路，接着又有了矿区。这样看来，人类似乎对自己渐进式发展的未来负不了什么责任，就像一株幼苗着生在一丛苔藓上，之后的一切都自然而然。采矿公司给村民们留下了一份"遗产"，那就是这片荒芜土地边缘的生命，在它们扎根的废矿渣下，埋葬着村民们逝去的亲人。

　　炎热的下午，我和艾梅准备在一小片杨树林里休息。人人都想任由这块不毛之地变成垃圾场，而这片杨树林却不知道怎样开始了在这里的繁衍生息。我们现在已经知道，最初是一小块苔藓捕捉到了杨树的种子，这座杨树的荫庇岛就此在这里发展壮大。树木引来了鸟儿，鸟儿带来了浆果——覆盆子、草莓、蓝莓，它们现在就在我们身边绽放着花朵。杨树林的中央区域又凉快又遮阳，杨树的落叶开始在废矿渣上聚集起薄薄一层土壤。有杨树林保护，不受矿区恶劣环境的影响，从附近森林移居而来的几株槭树幼苗正在努力生长。拨开落叶，我们就看到了还留在这里的金发藓，它们是最早来为这片土地疗伤的植物，让其他生命的到来成为可能。在越来越浓密的绿荫下，金发藓将最终完成自己的使命，被其他植物替代。而这座树木之岛，便是废矿上的拓荒者——苔藓留下的遗产。

苔藓森林

8

水熊虫的森林

就在我们触手可及的地方，生活着很多神秘的、鲜为人知的有机体。极尽的瑰丽裹在微小的躯壳中，静默等候。

——E. O. 威尔逊（E. O. Wilson）

雨林召唤着植物学家前来朝圣，就像麦加召唤着它的信徒。多年来，我都梦想着一趟去往植物文明摇篮之地的旅程，去往那片郁郁葱葱的圣地。当我终于准备开启这趟朝圣之旅，我的脑海里满是疯狂的想象，想象那里到处是稀奇古怪的生物，想象那里有着超出我想象的无边无际的草木。我循着亚马孙的呼唤而去，先是乘飞机，然后坐上接机的吉普车来到河边，登上独木舟在浑浊的泥水河中行驶，最后上岸，踏上土地，走进四处不时滴下水珠的雨林。

雨林内部的丰富令人震撼。这里没有一丁点光秃秃的表面。树枝上垂挂着苔藓织成的帘幕，兰花的花枝摇曳其间。树干上覆着一层藻类的绿毯，高大的蕨类植物散布当中，还有茂盛的藤蔓植物攀附缠绕。蚂蚁队列像护航队一样穿过地面，爬上树干；阳光的光斑落到森林的地面，打在甲虫泛着金属光泽的铠甲上，闪闪发亮。森林本身就拥有丰富的层次和结构：树干上有各种式样的树瘤，宛如浮雕；叶子千姿百态，有的长刺，有的打褶，大小不一，边缘各异。长长的太阳光束穿过阴暗的树冠直入森林，闪动着五颜六色翅膀的蝴蝶迅乎而过，在隐入低矮的植被之前，被光束倏地点亮。

　　尽管眼前的丛林令人眼花缭乱，远远地超出了我的想象，但我总有种感觉，这一切我好像以前都看见过。光的质感，满眼的叶子，周遭的湿润，浸透了浓浓绿色的环境，有一种奇怪的说不出来的熟悉感。视野边缘无处不在的阴影和运动带来一种熟悉的感觉——仿佛在目力未及之处有着无限未知与可能，也吸引我迫不及待地想要拨开灌木丛，去游逛探索。这让我想起自己在一片苔藓中漫步的感觉。

　　一台好的立体显微镜能够让这样的漫步成为现实，你可以随心地在一丛鲜活的苔藓间穿行，就像在丛林中探索着前进一样。就好像在丛林中行走要拿着把大砍刀开路，或者用一根手杖拨开棕榈树叶，在苔藓中行走则需要准备一根小小的针。我常常因此迷失在苔藓的丛林中，四处探察，在茎干之间穿行，有时弯腰避开一根枝条，有时拨开叶，看看下面有什么。立体显微镜为我们提供了一种深入苔藓森林的方式，而且是三维的。我可以随时放大，近距离观察，也可以缩小一些，观看全景。

　　苔藓的微缩世界与热带雨林之间的相似性，让我感到惊奇。这种相似性不只是视觉上的。尽管苔藓丛的高度仅相当于热带雨林高度的三千分之一，但它们呈现出同样的结构和运作机制。和热带雨林的食物链一样，苔藓森林中的动物也互相关联，形成了复杂的食物网：食草动物、食肉动物、捕食者。能量流动、营养循环、竞争、互利共生，这些生态系统的运行法则在苔藓丛林仍然适用。这些共通的模式显然超越了二者在外形上的巨大差异。

我习惯了北方森林中温和安全的环境，此刻只好不断提醒自己，千万不要看都不看就随便推开丛林植物。随手抓住一根树枝，可能意味着被子弹蚁叮到，接下来的 24 小时你就只好乖乖躺着了；随便踏过一截木头，可能就会迎来一场和粗鳞矛头蝮的亲密邂逅，然后一辈子都得乖乖躺着了。我们的克丘亚族（Quechua）向导告诉我们，在雨林中安全行走必须带上三样东西：眼睛、耳朵和砍刀。大多数植物都武装得极好，好到让人惊讶。带锯齿的叶子、长着尖刺的树干、扎手的树皮，这些都很常见，我的手上已经划了好多小口子，被扎伤了好多次，现在每次穿过雨林我都会保持警惕了。在雨林壮阔的绿色中，人类矮小又脆弱，我好像体会到了在苔藓丛林中生活的微小生物的感觉。我能想象一条柔软的小虫是怎样扭动着身体，在密实的苔藓丛林里费力穿行的，而且周围的叶尖尖的，边缘还长着锋利的锯齿。

厄瓜多尔的同事们带领我们来到生态保护区里的一处林冠层观察平台。登上平台要通过一道台阶狭窄的旋转楼梯，楼梯绕着一棵巨大的吉贝树而建，这棵大树往上冲破林冠层，伸向天空。林冠层的世界以前只是鸟儿和蝙蝠的专享乐园，现在能领略此处风光的又多了几位幸运的科学家。我们一级一级地爬上去，每一次绕着吉贝树转过一圈，我们都在森林的层层景观中穿行。

雨林的林冠层为生长在树干和树枝上的附生植物提供了绝佳的生活环境，它们沐浴着最充足的热带阳光，从雨水中汲取水分，从空气中获得营养，长得非常茂盛。蕨类植物和兰科植物像毯子一样包裹着树枝，藤本植物盘绕着树干，又把周围的植物连到一起，缠成一团。在我前方，就在一臂之外，是一座凤梨科植物的花园，它们蜡质的红色叶子看起来宛若花朵。这些叶子层层叠叠，以便收集雨水，一般每到下午两点，就会来一场雨。这座花园中还有各种蚊子，甚至蛙类，它们就在这雨林高处，在凤梨营造的水塘中，完成自己整个的生命历程。在这远离地面的高度，苔藓依然是大多数附生植物赖以生存的基础，它们在树枝上形成一层厚厚的垫子。

苔藓不光会在其他植物上附生，也滋养着它们自己的附生植物。一丛苔藓的内部可能会完全被藻类占领，让它看起来就像一座覆盖着苔藓帷幕的微缩雨林。单细胞藻类如同一个个金色圆盘，栖息在苔藓的叶间。细小的苔类像丝线一样缠绕在藓类的茎上，如同缠绕在树干上的藤蔓；互相竞争的苔藓可能会像绞杀榕一样将对方的茎团团围住，无情吞没。苔藓的假根上附着了色彩丰富的孢子和花粉粒，预示着淡雅的兰花将在这里绽放。苔藓森林中甚至还有相当于雨林中凤梨科植物形成的

"水池"的构造。苔藓的叶中可以形成一个储水的凹陷，里面的水可供特殊种类的轮虫存活，这种无脊椎生物只有一处家园，就是苔藓叶中的微型池塘。

热带雨林的标志之一是，从林冠层到地表，具有非常明确的垂直分层结构。雨林中的动植物都已经适应了光照的梯度变化，阳光在表面最为强烈，然后穿过雨林的分层，越来越弱，直到消失在地面的浓荫中。以水果为食的蝙蝠在最顶端的林冠层自由飞翔，而捕鸟蛛隐藏在板根周围的昏暗中。苔藓森林也同样以类似的方式分层。有的昆虫常常在干燥开阔的苔藓丛顶部活动，而别的昆虫，如弹尾虫，则喜欢钻到底部潮湿的假根里。

走在雨林中，会听到有节奏的噼噼啪啪的声响，不是雨水滴落，而是由于从林冠层落下来各种细碎的东西。有枯叶，有小虫子，还有开败了的花瓣不断从层叠的植物间流泻下来，这些东西使土壤更加肥沃，并把森林顶端的生产者和底部的分解者联结起来，促进两者间的营养循环。经常有吃了一半的水果突然从上面掉下来，那是鹦鹉的剩饭，每次都吓我们一跳。从高处林冠层落下的水果或是坚果，如果直接砸在脑袋上，定会是结结实实的一记痛击。向导还给我们看了他头上的一块鸟蛋形状的瘀伤。走在苔藓丛林中，一样会有类似的"痛击雨"从苔藓层层的叶间坠落。苔藓的织毯能留住风吹来的土壤、叶子的碎片、死去的小虫和孢子，这些东西会在苔藓底部慢慢堆积，曾经光秃秃的表面便有了土壤。腐烂的有机物滋养真菌生长，这些菌丝是弹尾虫的最爱，它们贪婪地以此为食。掉落的残片腐烂，不断积累，为需要扎根的植物提供了立足之地，就好比兰花在雨林中安家，或是蕨类植物在覆满苔藓的岩石上落脚。

苔藓一类的小群落（microcommunity）中有很多肉眼几乎不可见的动物群，研究它们常常会用到柏氏漏斗[1]。把土壤、腐烂的木头或者一丛苔藓放入一个装有筛网的铝制大漏斗中，然后在漏斗正上方放一组高瓦数的灯，静置几天。慢慢地，热量开始烘干漏斗中的苔藓和其他东西。为了躲开光线，寻找剩下的水分，所有无脊椎动物就会向下移动至漏斗的尖端，掉入漏斗下方装有甲醛的广口瓶里。

分析这些用柏氏漏斗收集的生物，通常会得到这样的结果：森林地表的 1 克苔藓——差不多一个杯子蛋糕大小——能容纳150 000 只原生动物、132 000 只缓步动物、3000 只弹尾虫、800 只轮虫、500 只线虫、400 只螨和 200 只蝇类幼虫。这些数字令人惊叹，一小片苔藓中竟然有如此大量的生命。

但数字本身并非重点。罗列这些数字让我想起，一个导游语速极快地说着一些无关紧要的话，说登上华盛顿纪念碑顶端要走多少级台阶，建造这座纪念碑用了多少块花岗石，而我真正关心的是，登上最高处会有怎样的视野，以及建造纪念碑的石匠们都开过哪些玩笑。我想柏氏漏斗也许提供了一个很好的

1　柏氏漏斗（Berlese funnel）是一种常用于将土壤样本中的昆虫分离出来的漏斗，最早由意大利昆虫学家安东尼奥·柏利斯（Antonio Berlese）设计。

生物区系（biota）物种名录，但我更乐于做的，是在一片苔藓丛中穿行，看着成千上万的生物生机勃勃地活跃着，而不是数广口瓶里它们的尸体。

雨林庇护着丰富多样的野生动物，出于相同的原因，无脊椎动物被苔藓森林所吸引。它们提供了适宜的小气候，提供了遮蔽之所，提供了食物、营养，还有复杂的内部结构，创造出非常多样的栖息环境。和雨林一样，苔藓森林也是一个生态演化的热点区域。苔藓是首先登上陆地的植物，为接下来在这里定居的生物铺平了道路。很多昆虫学家相信，昆虫的早期演化就是在苔藓交缠成的厚垫中发生的。苔藓为生物提供了湿度上的保障，它们在最原始的水生生命和较为高等的陆生生命之间，创造了一种过渡环境。今天，很多昆虫仍然要靠苔藓垫来孵育它们的卵和幼虫。大蚊在长着苔藓的断崖附近盘旋，准备把卵存放在那些湿润的叶间。大蚊妈妈为后代选择育儿所时非常挑剔，它们会避开那些尖利的叶和紧密交杂在一起的茎，因为这些叶和茎会给幼虫的生活造成麻烦。

在丛林中，每天早晨我们都会被鹦鹉的叫声唤醒，它们在林冠层亮开嗓门叫着，鲜亮的身体就像幼儿园里的颜料盒。金刚鹦鹉长长的尾羽在身后垂着，一身艳丽的鲜红与旁边的绿色树叶形成强烈的映衬。苔藓森林也拥有属于自己的彩色斑点，它们在苔藓的枝条间活动。鲜艳的红色斑点是甲螨。甲螨圆圆的，闪着亮光，好像一些八条腿的保龄球急匆匆地在苔藓叶上奔走。要是我在观察过程中打扰了它们，它们就会立马掉头走向另一个方向。我一直跟着它们，看着它们去觅食，去搜寻孢子、藻类和原生动物。有的甲螨以无脊椎动物为食，有的则吃苔藓叶。

当太阳落下地平线，亚马孙的夜晚就迅速到来了，这里并没有黄昏这个间奏。天色完全黑下来的时候，我们已经回到了营地，一个竹子搭的平台。平台依靠支撑物建在高处，一根凿出台阶的木头斜靠着平台，我们就通过这根木头爬上去。在吹灭蜡烛准备睡觉之前，我们把充当台阶的木头拉起来，以防那些并不受我们欢迎的丛林朋友来访。在丛林中入睡是一种挑战，哪怕是白天在热带的高温中徒步数小时，身体早已疲惫不堪。因为丛林的夜晚仍然生机勃勃，各种声音不停在耳边响起：青蛙不着调地大声唱着，蟾蜍颤着嗓子鸣叫着，昆虫嗡嗡嗡地飞……有一晚，我们甚至听到了豹子的嚎叫。

苔藓森林中也潜伏着捕食者。拟蝎把自己隐藏在枯叶中，突然伸出带波纹的腿，刺向猎物。步甲身着坚硬闪亮的盔甲，顶着钳子一般的上颚在苔藓丛中巡逻，一旦发现小型无脊椎动物，就立刻将其拿下。还有那些食肉的幼虫，像蛇一样伏在苔藓的枝条上。

雨林中密集的捕食行为使得很多生物演化出适应性表现，或是伪装，或是模仿。有看起来像枯叶的蛾子，有仿拟树枝的蛇，还有装作鸟儿粪便的毛毛虫。当然，在苔藓森林中，也有生物会伪装成苔藓。在新几内亚，大多数象鼻虫的背上都驮着一座迷你苔藓花园，这座花园就嵌在它外壳上一处专门的凹陷中。某些大蚊的幼虫呈苔藓绿的颜色，身体上还有黑色的条纹，以便隐蔽在苔藓的叶中。它们总是在苔藓的软垫上懒洋洋地移动，通过这副无精打采的样子来进一步隐藏自己的存在。丛林中的树懒也会用同样的方式来躲避捕食者，它们身上挂着藻类植物，移动极其缓慢，以至于几乎可以在林冠层隐身。

捕食者和猎物都想隐藏自己，密实的树叶为它们提供了很好的遮蔽。但在动物炫耀求偶时，这样的隐藏效果就会变成不利因素。对丛林中的生命来说，繁殖是头等大事，每一个生命都要想方设法在一块已经拥有丰富生命的栖息地上找到自己的伴侣。鸟类解决这个困境的办法是，去选择那些拥有华丽羽毛和响亮嗓门的同类，它们的声音穿透森林，昭告着自己正在等待一位配偶。与之相似，每一株植物虽然看起来无法移动，无法争抢异性的注意，但它们会引诱传粉者把花粉带到一朵朵花上。很多植物的命运就取决于它们与蝴蝶、蜜蜂、蝙蝠、蜂鸟和其他传粉者之间的互动。林冠层的蜂鸟非常多，它们身上的虹彩在阳光下极其绚烂。它们飞翔的时候很像蜻蜓，从一朵花上忽然闪到另一朵花跟前，几乎都看不到身形。有一次，一只珠宝一样闪亮的蜂鸟跟上了一位同行的徒步者，在他红色的棒球帽周围盘旋，那是我近距离观察蜂鸟最棒的一次经历。蜂鸟小心而仔细地侦察着出现在自己领地上的这朵奇怪的"红袜队[1]之花"，那位徒步者能听到蜂鸟的嗡鸣，能感觉到蜂鸟扇动翅膀

---

1 红袜队（Red Sox）是美国职业棒球联盟的球队之一。

带来的微风，却看不到它，而我们都屏住呼吸，默默求他不要动。

苔藓也一样背负着异体受精的压力，而且没有花或任何可以显耀的东西来吸引昆虫帮助自己完成受精。苔藓要依靠水来运送精子，但是这种方式非常低效，因为精子基本只能游几厘米远。不过，我们发现，苔藓丛中的无脊椎动物似乎有可能将精子带到更远一点的地方。它们在苔藓丛中爬行时，与它们擦肩而过的螨虫、弹尾虫和其他节肢动物可能经过了一棵苔藓雄株，身上粘满含有苔藓精子的黏液。这些精子可能就会粘到无脊椎动物的身体上，然后被水滴打落在别处，它们就可以再游到正在那里等待的雌株那儿。无脊椎动物自己对此毫不知情，但在苔藓森林的繁衍过程中，它们是至关重要的参与者，就像蜂鸟无意间把花药蹭到了额头上，因而参与了植物的受精过程一样。

热带植物的果实继承了花的明亮色彩。在林冠层，果实最常见的颜色就是红色，因为红色最容易被鸟类和猴子发现，它们是最重要的种子传播者。苔藓孢子的传播通常是借助风的力量，不过也有例外：壶藓（*Splachnum*）演化出了色彩明亮的孢子体，并散发出强烈的气味，吸引粪蝇前来，进而散播它们的孢子。鸟类、哺乳动物，尤其是蚂蚁，常常会吃富含蛋白质的孢子体。我观察过一只麻雀有条不紊地收割一片金发藓孢子体，它麻利地用喙从顶端打开孢蒴，然后拖出一团云一样的孢子。蚂蚁无疑是苔藓孢子的优秀散播员，它们把裂开的孢蒴背在背上，返回巢穴的一路上都在撒落孢子。

　　　　　　　　　　　　　　　　　　　　　　　苔藓森林

雨林中的生物发展壮大到一定程度，有了"人口"压力时，野生动物的数量就会迅速减少。所以当我们的向导在泥地上发现一头雌貘和它的宝宝的行踪时，他激动坏了。第二天天不亮我们就动身了，沿河岸循着它们的踪迹，希望能看到它们。清晨的雾气浓厚，我们在河边的棕榈树林中迂回前进，专注地听着声音。两头貘好像蒸发了一样，不过，在树林中安静行走从来都不会无功而返。我们听到一群吼猴刚从睡梦中醒来，看到它们在我们头顶的树枝间穿梭，它们已经完全适应了树顶的生活。

　　在微观森林中安静地漫步，窥探枝条间的秘密，追踪忽然瞥到的一下响动——此时，我正循着一只缓步动物的脚步。如果非要选一种和苔藓的生命关系最密切的动物，那我会选水熊虫，或者称之为缓步动物。就像熊猫完全依靠竹林生活，水熊虫一刻也无法离开苔藓丛。水熊虫在叶间小心触探，八条胖乎乎的小短腿慢慢地移动，像极了一头迷你北极熊。它的腰塌着，脑袋圆圆的，珍珠白的身体半透明，用长长的黑色爪子牢牢抓住苔藓的茎。水熊虫没有长满牙齿的颌骨，它有的是一个可以吸食食物的口器。它会用注射针头一样的探针刺破苔藓的细胞，吸食细胞中的物质。有些类型的缓步动物把苔藓叶上附生的藻类和细菌作为自己的粮食。个别几种缓步动物甚至可以捕食，它们把探针用在其他无脊椎动物身上，吸食它们的细胞。

　　水熊虫的名字已经暗示了它必须在充分湿润的环境中生存，只有苔藓丛内的间隙才能保持水分，营造这样的环境。水熊虫通过脆弱的"水桥"穿行于植株间，跨越苔藓内部的毛细空间。

要找它们，我通常会去寻找一片拥有很多深凹叶的苔藓。勺子形状的叶中间形成一个小小的池塘，这是水熊虫完美的休憩之所，它们待在池塘里，就像胖乎乎、软嘟嘟的小熊软糖。一片苔藓软垫的湿度，无论对苔藓本身，还是对水熊虫来说，都非常重要。但由于苔藓不具备维管结构，它们的水含量会随周围环境中的水含量波动。随着水的蒸发，苔藓的叶会枯萎、扭曲，最后变得干燥易碎。水熊虫也是一样，它们会脱水，把身体缩小至原先的八分之一，变成形状像酒桶的微型虫体，这种状态被称为"小桶"（tun）。"小桶"的新陈代谢几乎降低到零，它们可以保持这样的状态存活数年。"小桶"会像尘埃一样被干燥的风卷起，然后降落在新的苔藓丛中，抵达它们的小短腿永远不可能带它们去到的远方。

无论是苔藓还是水熊虫，都没有在失水过程中受到损伤。它们历经很长时间仍然可以恢复生机，它们在极端温度和其他恶劣环境下都坚韧无比。重新获得水的那一刻，比如露水降临或者来一场美好的雨水淋浴，水熊虫和苔藓又会立刻吸收水分，恢复它们正常的大小和形态。不出 20 分钟，苔藓和水熊虫就会相当同步地继续它们正常的生命活动。

最初被称为"轮状微生物"（wheel animalcule）的轮虫也拥有同样惊人的耐旱能力。环境湿润时，它们栖息在苔藓丛中水源丰富的地方，就像待在很多小水族馆里的孔雀鱼。轮虫进食的时候很容易被发现，它们头冠上的纤毛不停摆动，像个旋转的轮盘，不断把水流带来的食物颗粒吸入口中。

在苔藓的微世界中，由于湿度不可避免地会随着外部环境波动，所以演化进程中，苔藓在不断地改造自己，以适应变化的环境。就像鸟类的演化与它们赖以栖居的树木的演化息息相关，水熊虫和轮虫的生命也随着苔藓的演化而发生着变化。

这三者——苔藓、水熊虫、轮虫——在19世纪一场著名辩论中占有重要地位，这场辩论探讨的是生命复苏和生命终极本质的问题。这三种生命的复活模糊了生与死的界限。它们脱水的时候，所有生命体征都消失了：没有运动，没有气体交换，没有新陈代谢。它们都进入了隐生状态（anabiosis），或者说缺乏生命特征的状态。然而，只要重新拥有了水，生命忽然间就复苏了。它们在经历了表面上的死亡之后又复活，表明生命也许可以停止再重启。人们用水熊虫做了很多设置在极端条件下的实验，以测试它们的耐受极限。在干燥的状态下，它们被置于可以杀死任何已知有机体的条件下：炙热环境，或是仅比绝对零度（-273.15℃）高0.008度的真空环境。然而，水熊虫每一次都能平安地经受住恶劣的条件，只要一滴水便能复活。水启动生命复活密码的机制至今仍未被人类了解，而水熊虫和苔藓每天都在运用这个机制。

经过长期的辩论和实验，现在人们一般认为，对处于隐生状态的有机体来说，生命并未终止，只是以一种几乎感知不到的速率在延续。这些生命在脱水期的新陈代谢极其微弱，使得它们能够无限地延长生命，而记录这样微弱的代谢速率，则需要复杂的科技。让这些生命得以在生与死之间徘徊的那个机制，仍然是一个巨大的谜，它一直就在我们脚下的苔藓丛中秘密运行着。

　　进入雨林腹地，我要坐一趟穿越赤道的飞机，而且飞机要冒险飞过安第斯山脉；然后，我会乘坐一条独木舟沿河航行三天。如果在家里，我不必走那么远就能找到一片"树木"成荫的苔藓森林，里面有各种各样我从未见过的奇妙生物。沿着我家花园的小路，走上五分钟，就能收获一把苔藓，然后再花五分钟走回我的显微镜前，我就能置身繁茂丰美的苔藓森林。没有什么语言可以形容那里丰饶的生物多样性，唯有致以敬畏。生命的丰沛、鲜活和繁盛远远超出了我们可以理解的范围。每一片叶上都藏着很多秘密。这里有着地球上任何其他地方都没有的生命形式，这里繁杂交缠的生命关系网络已经演化了数亿年。你可要万分小心，走路时别踩到它们。

9

基卡普河

我终于抽出时间来修整独木舟的船底了，上面的强力胶带已经破了好久了。哈，强力胶带，真是一样很适合拖延症患者的东西。之前独木舟的船尾在奥斯威加奇河中撞上了一块岩石，后来又在纽河（New River）里颠簸着狠狠撞上了河里的暗礁，我当时匆忙贴了一些胶带，这会儿我得把破损的胶带一层一层扯下来。检查独木舟上的各处撞击和破损，就像在清点自己一次次伟大的独木舟之旅。这里是在弗兰博河（Flambeau River）的激流中留下的纪念，那里是在拉奎特河（Raquette River）通过满是砂砾的河床时留下的擦痕。沿着船舷，在天蓝色的玻璃纤维上有一抹红色的印迹，大约 6 英寸长。我想了一会儿这些红点是从哪儿来的，然后忆起了基卡普河（Kickapoo River）和那个让我沉醉的夏天。

基卡普河流经威斯康星州西南部的无冰碛区（Driftless Area）。冰川覆盖了美国中西部靠北边的地区，但却跳过了威斯康星州这个小小的角落，使这里保留了陡崖和砂岩峡谷地貌。我和一个研究生结伴出行时发现了这条河，同行的这位学生正在这片区域搜寻稀有的地衣。我们划着船沿河而下，每当看到悬崖和露出地面的岩石，就停下来观察上面的生物。一路上我都震惊于悬崖上独特的生态模式。悬崖的上部散布着地衣，而在悬崖底部，是一条条水平伸展的苔藓带，从水面开始，渐次向上，呈现出深浅不同的绿色暗影。我正在寻找一个研究题目，而现在一个题目出现在我面前：是什么造成了悬崖的垂直分层，使其呈现出条带状的植物分布呢？

当然，我脑子里已经有一些思路。我爬过太多山，想不注意到植被随海拔而变化都不太可能。生物的垂直分带（elevational zonation）通常是由温度的梯度变化造成的，越往高处温度越低。我试想，可能随着悬崖从水面到高处的变化，形成了某种环境梯度，苔藓也会循着这样的梯度生长。

第二周，我独自回到了基卡普河，准备更近距离地观察呈条带状植被分布的悬崖。我在桥边把独木舟推下河，划桨逆流而上。水流比看起来的流速更快，我必须卖力地划。我操纵着独木舟往岩壁旁边停靠，但是没有任何可以停船的地方。每次我放开船桨去观察苔藓，都会被水流推向下游。我可以用手指扳住岩缝坚持一会儿，但也只够我抓起一丛苔藓的时间，接着我又会被水流冲走。显然，任何一种系统性研究都需要用到各自特别的方式。

我在对岸将独木舟拖上岸，决定看看我能否涉水走到悬崖边。河床满是沙子，河水只没到膝盖。凉爽的水在我两条腿周围打转，在这样炎热的天气里感觉舒服极了。现在我开始觉得这里像一处理想的研究地点了。我蹚水过去，走到离悬崖一臂以内的距离。突然，脚底下的河床消失了。水流一直从底部冲蚀悬崖，所以走到这里，水瞬间就齐胸深，而且我已经贴在了岩壁上。不过，这可真是难得的和苔藓面对面的机会啊。

紧临水面的地方，是一条欧洲凤尾藓（*Fissidens osmundoides*，以下简称凤尾藓）的暗色条带，从吃水线附近开始，向上延伸1英尺左右。凤尾藓是一种很小的苔藓，每一株只有8毫米高，但它像金属丝一般坚韧。这种苔藓的模样很别致。整株凤尾藓是扁平的，就像一片立在那里的羽毛。每一片叶都是平整的薄薄的一片，上面还有一片扁平的小一些的叶，就像衬衫前襟带盖的小口袋。这种信封式构造的主要作用似乎是留住水。所有植株挤在一起，就形成好似粗纹编织物的苔藓丛。凤尾藓有着充分发

凤尾藓

育的假根，那些像真正的根一样的细丝能牢牢抓住粗糙的砂岩。在吃水线附近，实际上已经是凤尾藓独享的地盘。除了一两只热爱生命的蜗牛努力攀附在那里，我没看到什么其他物种。

水面上方大约1英尺的地方，凤尾藓消失了，取而代之的是各种其他苔藓混杂的苔藓丛。柔滑、簇状的铜绿净口藓（*Gymnostomum aeruginosum*，以下简称净口藓），堆状的真藓（*Bryum*），闪闪发亮的提灯藓软垫，不同的苔藓在黄褐色砂岩上组合成一块深深浅浅的绿色拼布，里面间杂着裸露出砂岩的空隙。

往更高处，在我能够在水里站稳并且够得到的最高的地

方，蛇苔（*Conocephalum conicum*）密实的织毯出现了，这是一种叶状体苔类。苔类是藓类的远古亲戚。"苔"（liverwort）这个平淡无奇的名字来自中世纪植物学。"wort"在古盎格鲁－撒克逊语中是"植物"的意思。中世纪的形象学说（Doctrine of Signatures）认为，所有植物都对人类有一定的功用，而且它们会通过外形向我们发出讯号，来表明自己的功用：只要与人体器官形态相似，就意味着这种植物是治疗人体相应部位病痛的良药。苔类的叶一般有三列，侧叶两列，左右排列；腹叶一列，看起来像人的肝脏。并没有什么证据能证明苔类对治疗肝病有什么功效，但"liverwort"（肝脏植物）这个名字已经流传了700多年。按"苔"的名称由来，蛇苔更为恰当的名字应该是"snakewort"，而不是"*Conocephalum*"，因为它长得很像绿色蝰蛇的鳞状皮肤。蛇苔没有明显的叶，只有弯曲扁平的叶状体，末端裂成圆乎乎的两瓣[1]，就像毒蛇的三角形脑袋。叶表面的纹路是很多小小的钻石形状的多边形，使它的模样看起来很

蛇苔的叶状体

像爬行动物。蛇苔紧紧贴附在岩石或土壤表面，蜿蜒前行，一排杂乱的假根帮助它在合适的位置松散地固定住身体。在悬崖上的这个高度，呈现出明亮绿色、形态别致的蛇苔成了绝对霸主，与

1　原文为三瓣。蛇苔的生长模式为二叉分枝，将末端描述成三瓣不准确。

苔藓森林

下方颜色较暗的苔藓带形成了十分强烈的对比。

我被这些植物和它们在悬崖上的条带分布彻底俘获了。而且现在确定了可以划船到达研究地点，让我对选择这个研究题目感到更踏实了。唯一的问题就是开展这项研究的后勤保障。我需要非常详细地测量各项数据，而在悬崖边，河水到我胸部那么高，怎样才能完成所有测量呢？接下来的几个星期，我都在尝试各种办法。我试着锚定独木舟，朝着悬崖探出身体。结果掉了好多支铅笔到水里，还有好多把尺子，而且还要冒着翻船的风险，实在让人灰心。我在所有的装备上都系了小塑料泡沫浮子，然而水流直接就把它们拐走了，还没等我伸手去捞，它们就快乐地一上一下地晃着漂远了。于是我把所有装备都拴在独木舟里的横梁上，结果可想而知，相机带子、数据记录册、测光仪全都缠在了一起。最后，我还是弃船下水了，双脚踩到河床上。我发明了一种"水上漂浮实验室"——独木舟锚定在悬崖旁边，而我站在河里，既够得到岩石，又够得到独木舟。数据记录册几乎没法用，总是往水里掉。于是我改用磁带录音机来收集测量数据。我用强力胶布把录音机绑在独木舟里的座位上，所以录音机能稳稳当当地待在那儿，麦克风就挂在我的脖子上。现在我终于可以解放出两只手，来选定采样网格的位置并且收集苔藓样本；我还能腾出一条腿，一旦独木舟要被水冲走，我就伸出腿钩着系绳往回拉。我感觉自己好像是基卡普河上的一支单人乐队。那个场面绝对称得上一景，一个人浸在河里，自顾自地放声"歌唱"，歌词内容是苔藓的位置和多度

（abundance）：蛇苔 35，凤尾藓 24，净口藓 6。我轻拍红色颜料，标记好所有测量区域，洒落的点点红色至今仍然装饰着我的独木舟。

晚上，我整理磁带录音，把冗长枯燥的声音记录转写成纸面上的数据。我当时要是保存下一些磁带就好了，哪怕只是留着在无聊的时候放来听听。录音长达数小时，磁带嗡嗡地转着，单调地播放着我念出的数字，其间夹杂着愤怒的咒骂，那是独木舟又要漂走的时候我扯着嗓子喊的，或者因为环在我脖子上的麦克风线又勒紧了。我记录下了每一声尖叫，记录下了有什么东西叮咬我的腿时噼里啪啦的水声，甚至还记录了从旁路过的划独木舟的人和我的全部对话，他们还送了我一瓶冰镇莱内库格尔啤酒[1]。

悬崖上物种的垂直分层非常明显，最底下是凤尾藓，最上面是蛇苔，各种各样的其他苔藓像三明治夹心一样夹在中间。至于形成这种分层的原因，我的假设并没有得到任何论据的支持。在整个植物分层的悬崖表面，无论是光、温度、湿度还是岩石的类型，都没有什么明显的差异。这种分层的产生一定另有原因。一天又一天地站在河里，我自己都慢慢变成垂直分层的了——下层是泡得皮肤皱缩的脚指头，上层是被太阳暴晒的鼻子，中间则总是泥乎乎的。

通常，大自然中这种界线分明的分布是由于物种间的相互

1　莱内库格尔啤酒（Leinenkugels Ale）是威斯康星州本土生产的一款德式啤酒。

作用，比如各自捍卫领地，或者一种树遮住了另一种树的阳光。我观察的这种分层模式也许就是蛇苔和凤尾藓互相竞争领地，在中间划清界线的结果。我把这两种植物种在温室里，让它们主动透露彼此的关系。单独种在一处的话，凤尾藓长得很好，蛇苔也是。但当它们长到一起，就明显可以看到它们开始较量，在这场战斗中，凤尾藓节节败退。蛇苔不断地伸展着蛇形的叶状体，扩张到身材矮小的凤尾藓上面，直到完全将对方吞没。这样看来，它们在悬崖上彼此疏离的原因就清晰起来了：为了生存，凤尾藓必须远离蛇苔。但是，如果争抢领地如此重要，蛇苔为什么不一直长到吃水线附近，直接消灭其他物种呢？

夏末的一天，我看到头顶高处的树枝上挂着一团草，表明这里曾经淹过很高的水。显然，这条河并非总是可以步行涉水的深浅。也许这种垂直分层的原因是，不同物种应对淹水的方式不同。我采集了每一个物种的样本，将它们没入水中，设置多个淹没时间：12小时、24小时、48小时。结果发现，即便放置三天，凤尾藓的状态依然非常健康，净口藓也是。但蛇苔只放了24小时，就变黑发黏了。于是，分层模式的另一个形成原因出现了。由于对淹水的低容忍度，蛇苔只能止步悬崖高处。

我想知道像我模拟的这样的洪水多久会发生一次，会频繁到让蛇苔为自己的扩张划定范围吗？碰巧，美国陆军工程兵团也在关注这件事，虽然他们是出于别的原因。他们正在考虑在河上建一座防洪坝，此前军队已经在那个悬崖下的一座桥边建了一个监测站。他们已经积累了基卡普河五年来的日常水位数据。我可以使用他们的数据来计算悬崖上任何一处没入水下的频率，我还可以打电话给监测站，通过自动语音回复了解那座桥附近的实时水位。我从来都不怎么喜欢陆军工程兵团，因为他们做的事常常是破坏河流，但是监测站提供的数据确实非常珍贵。

整个冬天，我都在分析数据，并将数据与悬崖上苔藓的分布情况对应起来。不出所料，监测站的数据与苔藓植物随海拔高度的成带现象完全匹配。在最常被水拍打的悬崖底部，凤尾藓是绝对的王者。凤尾藓能够很好地适应淹水，它金属丝般流线形的茎使它可以应对水流频繁的来访。越往悬崖上方，被水淹到的频率就越低。蛇苔松散附着的那些区域极少被水淹没。远离河水，蛇苔就可以放心地伸展蛇形的叶状体，不受打扰地在岩石上继续壮大自己的绿毯。一种苔藓占领了淹水频率很高的地方，另一种则占领了很少被水打扰的地方。两者之间的区域呢？那里有极其多样的物种，其间也有尚未被植物附着的裸露岩石，这些空着的地方就像一个个布告栏，正给自己打广告："此处尚有空位。"在淹水频率中等的区域，没有一个占统治地位的物种，因而物种多样性非常高。在上下两大霸权之间，夹着多达十种其他的植物。

我在基卡普河蹚水的同时，另一位科学家罗伯特·佩恩（Robert Paine）正在研究华盛顿海岸岩相潮间带的物种分布，探究海浪冲击频率对生物群落的影响。他观察的物种有藻类、贻贝、藤壶，等等，它们看起来和苔藓没什么共同点。但一样的是，这些生物都是固着式生长的，它们依附在岩石上，忙着争抢地盘。佩恩观察到了一种新奇的模式：很少有生物在海浪经常拍打的地方生存，在海浪拍打不到的岩石上就更少看到生物；然而在这两个区域之间，海浪拍打的频率适中，物种多样性相当丰富。

布满岩石的海岸和基卡普河的悬崖这两处研究，都推动了一个假说的确立，即"中度干扰假说"（Intermediate Disturbance Hypothesis）。这个假说认为，当干扰频率处于极高与极低的中间地带，物种多样性最高。生态学家已经做过相关研究，结果表明：在完全无干扰的环境下，像蛇苔这样的超级竞争者会慢慢吞没其他物种，以绝对的实力消灭任何对手；在干扰频率很高的地方，只有最坚强的物种才能在不断的扰动中求得生存；而在这两种情况之间，干扰频率居中的地方，似乎存在着某种平衡，相当多样的物种可以旺盛生长。在中间地带，干扰的频率刚好能够防止某些物种独霸一方，同时又有足够长的稳定期供新长出来的植物立稳脚跟。当一个地方拥有各种不同的生物群落，每一个群落内又有各个年纪的植株时，生物多样性就达到最大。

中度干扰假说已经在许多生态系统中得到了验证：草原、河流、珊瑚礁、森林。这个假说揭示的物种分布模式，是林务局制定森林防火政策所要考虑的核心要素。"斯莫基熊"[1]防火公益活动极大降低了森林火灾的频率，但过低的干扰频率会让森

1　斯莫基熊（Smokey Bear）是 1944 年美国林务局和广告协会共同确定的虚拟形象，用以宣传森林防火，使用至今。斯莫基熊的经典造型是头戴巡警帽，身穿牛仔裤，手边一把铁锹。

林变成一个物种日趋单一的燃料箱。反之，如果火势太大，整片森林就会只剩下零星的灌木。但如果像《金发姑娘和三只熊》（其中一只肯定曾是斯莫基熊）故事中所讲的，火灾的强度"刚刚好"[1]，那么物种多样性就会变得丰富。中等频率的森林火灾能产生环境斑块，由此为野生动物创造栖息地，维持森林健康，这是一味防火无法实现的。

第二年春天，基卡普河上的冰融化的时候，我打电话给监测站，一个电脑合成的声音告诉我，涨水了。我立马跳上车，打算去基卡普河看看苔藓现在是什么样。河水夹带着来自农田的泥土，呈现出巧克力棕的颜色。木头和旧篱笆桩被急流裹挟，撞击着悬崖。我在悬崖上做的红色标记已经不见了。水涨得快也退得快，到第二天早上，水位已经回落，大水留下的痕迹显露出来。凤尾藓重新露出来，毫发无伤。中等高度的苔藓上挂满了泥，而且因为被木头撞击过，又被水冲刷，岩壁上又多了几块空着的地方。蛇苔没有在水里泡太长时间，不至于死掉，但也被一条一条地撕扯下来，挂在悬崖上，像被撕了一半的墙纸。蛇苔扁平松散的形态使它面对水的拉力时格外脆弱，而凤尾藓就不受影响。蛇苔掉下来的地方有了新的空地，让新一代苔藓有了暂时的栖息地，它们会在这里生长，直到蛇苔恢复元

1　作者在这里引用了美国经典儿童故事《金发姑娘和三只熊》（*Goldilocks and the Three Bears*）。故事中，金发姑娘来到熊的家，她发现自己用熊爸爸或熊妈妈的东西都不合适——粥太烫或太凉，床太硬或太软——只有用熊宝宝的东西刚刚好（just right）。

　　　　　　　　　　　　　　　　　　　　苔藓森林

气，王者回归。在这里暂住的物种，既没有能力与蛇苔竞争，又无法耐受水的经常性浸没。它们是两种强权下的逃亡者，在物竞天择和水之伟力的交叉火力中谋求生存。

我喜欢去思考这种生存模式，在这种模式下，生命和谐共生，令人欣慰。苔藓、贻贝、森林、草原，似乎都遵循着同样的生存法则。假如保持平衡状态是对的，那么外部干扰因素表面上是在破坏，实际上是在推动系统的自我更新。关于这个话题，基卡普河上的苔藓讲述了很多。我手头就有砂纸，但看着这条旧旧的蓝色独木舟上的红色印迹，我决定还是让它保持这个样子。

10

苔藓的选择

我的邻居保利（Paulie）和我交流大多是靠喊的。我还在外面卸行李，她就从谷仓里探出头，隔着马路大喊："你这次出门怎么样？你不在的这段时间下大雨了，园子里的南瓜都长疯了，你自己去看看吧！"还没等我回应，她已经扭头进去了。她一向不喜欢我到处闲逛，但我出门的时候，她总是细心地关照着我家的地界。我在屋外摞柴火或者种豆子的时候，会看见她戴着那顶鲜艳的亮橙色帽子，于是我隔着马路向她喊话，告诉她我发现池塘附近有一片围栏倒塌了。在这样的互相喊话中承载的，是我们之间一种直截了当的情感。多年来，这种喊话就像电报一样在马路两边传来传去，传递着孩子长大的消息，父母变老的消息，撒肥机坏了的消息，双领鸻在草场上筑巢的消息。"9·11"事件那天，我从电视上看到新闻，立刻跑到谷仓和她抱在一起大哭了一阵，直到饲料车来了，我们才回到眼前要做的事情里：给嗷嗷待哺的小牛犊喂食。

我的老房子和保利的旧谷仓都位于纽约州这座名叫费边

苔藓森林

（Fabius）[1]的小镇，它们曾经属于同一座农场，这座农场的历史可以追溯到1823年。老房子和旧谷仓共享一片高大槭树的荫蔽，共沐同样的春雨。是我们两个人把它们从朽坏的边缘抢救回来，所以我们也顺理成章地成了朋友。逢上好天气，我们会抱着胳膊站在马路中间聊天，赶走跑到马路上的谷仓猫（barn cats），阻挡往来的车辆——虽然只有运草车和送奶车偶尔经过。我们把脏脏的工作手套摘下来，晒着太阳闲聊；等我们各自转身回去，便又把手套戴起来。极个别几次我们是在电话上聊天，她忘了自己不是在谷仓那边向我喊话，结果我不得不把电话拿到离耳朵一英尺远的地方。

作为观察力敏锐的邻居，我们非常了解彼此。她刚才摇着头，笑我那么努力地研究苔藓在繁殖后代的方式上做出的选择，笑我花了一个又一个野外考察季，那么虔诚地做调研。一直以来，她和丈夫艾德（Ed）养着86头奶牛、种玉米、剪羊毛，还给小母牛建起了一座牲口棚。就在今天早上，我和她在我家的信箱旁碰上，聊了一会儿，她说正在等"AI"人。我吃惊地挑起眉毛问道："人工智能那个AI吗？"她忽然大笑：这又一次表明，她这个身为教授的邻居是多么地不接地气和无知。很快，一辆白色的小型运货车驶过坑坑洼洼的路面，朝谷仓开过来，车的侧面画着一头公牛。我们走回马路两边各自的世界，边走

---

1 费边位于纽约州中部，与阿迪朗达克荒野的直线距离为70多英里，与五大湖的安大略湖直线距离60多英里。

边听到她大喊："人工授精那个 AI[1]！你的苔藓或许可以选择繁殖方式，但我的奶牛们显然别无选择！"

苔藓确实向我们展现了繁殖行为的全部形式，从恣意狂野的有性繁殖到清心寡欲的无性繁殖。有性行为活跃的物种，一次能炮制数百万后代；也有戒除性行为的物种，从未被观察到进行有性繁殖。跨性别也不是不可能，有的物种可以相当自由地转换性别。

植物生态学家用名为"繁殖努力"（reproductive effort）的指数来测量一种植物对有性繁殖的热情。测量方法很简单，就是计算一种植物进行有性繁殖的部分占植株总重量的百分比。例如，我们草场上的槭树明显分配了更多能量给木质的茎干，而顾不上它小小的花和在微风中轻快旋转落地的种子。和槭树相反，草场上的蒲公英付出了更多的繁殖努力，植株的大部分重量都在黄色花朵上，随后花朵就会变成一团团毛茸茸的种子。

植物能够以多种多样的方式为繁殖这件事分配能量。同样数额的卡路里，有的父母选择大手笔投资，制造少量体型较大的后代；有的父母更耽溺享乐，挥霍能量，生出大量体型微小、单个个体给养甚微的后代。保利对那些有孩子却无法给予孩子足够条件成长的父母意见很大。谷仓猫里有一只长毛的漂亮母猫名叫蓝蓝（Blue），她似乎认为小猫崽是可以随意丢弃的货物。她生了一窝又一窝，但从来不愿意喂养孩子，总是丢

1　人工授精（Artificial Insemination）的英文缩写也是 AI。

　　　　　　　　　　　　　　　　　　苔藓森林

下小猫，任他们野生野长。苔藓中也有这样的父母，角齿藓属的成员就以同样的态度繁殖后代。在奶牛出入谷仓的路旁边，在一小块常常被干扰的地面上，就生长着角齿藓（*Ceratodon purpureus*），它们的叶几乎看不见了，湮没在它耗费一整年时间生出的挤挤挨挨的孢子体下面。但每一颗孢子是那么小，获得的给养少得可怜，就像蓝蓝生下的小猫，随时都可能殒命，只有非常小的机会可以存活下来。幸运的是，谷仓猫中有一位模范好妈妈——奥斯卡（Oscar）。她是谷仓干草棚里最年长的女士，悉心照料着她唯一的一窝后代，并欣然接受了被蓝蓝遗弃的小孤儿们，把他们当成自己的孩子来喂养。因为这件事，奥斯卡获得了一个特别待遇，每到挤奶时间，她都可以待在旁边喝一碟牛奶。

保利肯定会赞美牛舌藓（*Anomodon*）这样的苔藓，它们就生长在谷仓后面背阴的石墙上。牛舌藓将自己的孢子期延后，直到生命后半段才开始繁殖。它更愿意将养分先集中用于生长，谋求更好的生存环境，而不是放开手脚繁殖。

无论是高"繁殖努力"，还是低"繁殖努力"，两种策略都与特定的环境状况有关。在不稳定、扰动多的栖息地，演化的天平会倾向那些繁殖众多后代的苔藓，这些后代的体型微小，极易被散播。栖息地如果变化难测，就像角齿藓生长在牛道附近那样，就意味着成年植株会有很大的风险死于环境干扰，所以越快地繁殖，越快把子子孙孙送往更茂密的草地，就越有利。被风吹走的孢子不知道最终会落在何处，但很有可能与父母生活的路边环境完全不同。有性繁殖还有一个很大的优势，父母双方的基因组合成新的基因，每个孢子就像一张彩票，有的孢子基因优质，有的则品质脆弱。这就像一场赌博，而一下子释放数以百万计的后代，让它们随机散播，这场赌博就一定会有不菲的回报。总有一个孢子能够找到一处合适的地盘，在那里，它崭新的基因型将为它带来成功的馈赠。有性繁殖创造了多样性，在这个瞬息万变的世界，这是一种独特的优势。当然，有性繁殖也要付出一些代价。在创造卵子和精子的过程中，父母的成功基因只有一半可以传给后代，而且这些基因还要被打乱，在有性繁殖的彩票开奖中碰运气。

保利穿着泥乎乎的靴子，外套上溅着粪肥，与基因工程中身着白大褂的工作人员形象相去甚远，但她所做的工作其实处于基因工程的应用前沿。作为康奈尔大学的毕业生，她培育了一种荷斯坦奶牛（Holstein）并拿了奖，这种奶牛拥有堪称完美的基因谱系。为了留下这来之不易的优质基因，她没有让她最好的奶牛与任何一头种牛交配，而是采用人工授精，然后将这些一模一样的胚胎移植到牛群中的代孕母牛体内。通过这种方式，她能培育出变异性极小的奶牛群，让优质基因型长久地延续下去。如果只是一般的有性繁殖，这种基因型肯定会被打乱。像这样的克隆手段是乳品生产业新近发展的产物，而苔藓从泥盆纪就开始这样做了。

限制基因变化，保存父母双方最有优势的基因组合，这样的繁殖策略对苔藓来说已经是老生常谈。谷仓后的那面石墙，从 179 年前第一任农场主砌筑它以来就一直立在那里，保持原样。在这样一种稳定、可预测的栖息地中，采取同样稳定、可预测的生存方式就是最成功的。墙上垫状的牛舌藓已经在那里生活了近两个世纪，证明了它的基因构成非常适合这个特定的环境。因此，频繁的有性繁殖就变得没什么必要，牛舌藓不会把能量花费在这上面，不会制造可能有很多失败基因型的孢子，而且这些孢子可能会直接在风中迷失。在一个稳定而有利的环境中，更优的生存策略是把能量投资到现存的已经活了很久的苔藓上，让它们充分生长和克隆扩增，就像血统纯正的奶牛那样，把已经检验过的真正适应环境的基因型保存下来。

自然选择每时每刻都在进行，并作用于每一个个体，只有最强大的个体才能生存下来，形成种群。那些没学会怎么过马路的谷仓猫，或者生下来就没了气息的牛犊，都被埋葬在土里了，自然选择显然在施展着威力。像这种情况，保利见得多了，她熟练地把死去的动物清走，气势汹汹地说："想养好牲畜，就得接受淘汰。"尽管嘴上这么说，但保利养的牲畜并不全都是尖子生。畜圈里有一个隔间住着一头老奶牛，已经失明好多年了。她叫海伦（Helen），是一位很棒的老小姐，拥有一套久负盛名的从鼻子到尾巴的导航系统，凭借这套系统，她仍然可以和其他伙伴一起出门去草场。还有这个隔间，住着科尔内利（Cornellie），他是一只孤儿小羊，是保利用尿布裹着把他带回家的。保利把他放在温暖的炉子旁睡觉，直到他长大，可以自己进食。但在大自然中，不会有一个保利从自然选择的夺命镰刀下解救那些无法适应环境的生命。所以我一直从自然选择的视角去观察苔藓在繁殖后代上做出的选择。哪些选择能导向生存，又有哪些选择会导向灭绝？

机缘以及各自的选择，把我和保利带到了这里，我们因为某种原因在这座古老的山区农场会聚。也许是因为房子安然坐落于群山怀抱里避风的样子，也许是因为早晨的阳光洒在草地上的样子。她逃离了波士顿，放下了家人对自己的期待，选择来这里感受农场上浓重的滋味，而不是做一个动物生理学家。而我从离婚的悲伤中逃亡，像一只信鸽一样飞到这里，怀着热情想要靠自己的双手重新开始。我们的梦想都在这里找到了归宿。保利每一天都能从自给自足中获得快乐，沉醉在动物们的陪伴中。我呢，在这里我的显微镜可以和黑莓派共享一张桌子。

在我们的草场坡顶，铁杉林地沼泽上部，那里的树林被围了起来，禁止放牧。保利正在邻近的田里驾驶拖拉机割干草，拖拉机隆隆作响。我从围着树林的带刺铁丝网下面钻过去，一边往树林里走一边和保利挥手。走了几步便来到林中，阳光从树叶的缝隙洒下，四周渐渐安静。几代人以前，建造我家木屋和保利家谷仓的铁杉木材就是在这儿砍伐的。古老的倒木和正在腐烂的残桩上，覆盖着一种我非常喜爱的苔藓——四齿藓（*Tetraphis pellucida*）。我不知道还有哪种苔藓能比四齿藓更让人感到幸福。它新生的叶像露珠一样闪闪发亮，吸饱了水分，种加词"*pellucida*"[1]正是描述了它像水一样透明的特质。这些矮小而强健的植株干净又简单，以一种充满希望的样子立在那里。每一株茎都不足1厘米高，上面长着12片左右勺子状的叶，排列成螺旋楼梯的样子顺着茎蜿蜒而上。

大多数苔藓都慢慢形成了自己特别的生活方式，并将其固定下来。与之相比，四齿藓在选择如何繁殖这件事上，以其灵活性而表现出众。四齿藓非常特别，它拥有独家秘笈，既能进行有性繁殖，也能进行无性繁殖，在繁殖选择的道路上，它处在路的正中间。

大多数苔藓都有能力从破碎的叶或其他部分中克隆自己。这些小小的碎片可以长成新的成年个体，基因与父母完全一致，这是一种在稳定环境中很有利的繁殖行为。克隆体一般会在父母附近生长，几乎没有机会去新的领地探险。通过身体部件来克隆自己也许很有效，但显然这种向未来输送基因的方式很粗鲁，也很随机。然而四齿藓是无性繁殖中的贵族，它拥有一种美丽的雕塑般的设计来克隆自己。我跪下来凑近了看老树桩上的四齿藓，发现在四齿藓群落的表面，零星散布着一些看起来像小小的绿色杯子的

四齿藓的胞芽杯

---

1 同根词"pellucid"意为"透明的、清澈的"。

东西。这些胞芽杯在直立的植株顶端形成，像一个个迷你鸟巢，里面还装着一窝小小的祖母绿的"鸟蛋"。这些迷你鸟巢，也就是胞芽杯，是由一片片层叠的叶构成的圆形碗，住在碗里的，是像鸟蛋一样的芽胞。每一颗芽胞都是一团圆圆的物质，仅含有 10 到 12 个细胞，用来捕捉阳光和微弱的光线。芽胞拥有湿润的环境条件，能够进行光合作用，它们已经准备好克隆自己的父母，成长为一棵新的植株。芽胞在巢里耐心地等待，等待一个契机推动它脱离母体，在更大的空间生长，建立自己的家庭。

当天色暗下来，头顶上响起雷声，芽胞等待的那一刻就要来临了。巨大的雨滴击打在林间的地面上，蚂蚁和小昆虫都钻进苔藓丛中寻求庇护，生怕被这凶猛的雨点砸扁。矮小而强健的四齿藓却满心期待着这场雨，因为它如此精心设计自己，就是为了利用一颗雨滴的威力。当一个胞芽杯被一颗雨滴正正击中，附着在杯中的芽胞就会被拍打松动，然后被弹出去，留下一个空胞芽杯。芽胞最远可以弹射到 15 厘米外的地方，对只有 1 厘米高的植物来说这个成绩已经相当不错了。如果在有利的地点着陆，芽胞就能在一个夏天的时间里长成一棵完整的新植株。那些通过孢子繁殖的苔藓，全靠变幻无常的风把孢子散播各处，它们可能会落到岩石表面，房顶上，或者湖中央；与四散的孢子相比，四齿藓的芽胞更可能会与它们的父母拥有相同的邻里。作为一种克隆繁殖体，芽胞携带的是已经在这个树桩上经受了考验的基因组合。

与克隆繁殖体相反，有性繁殖产生的孢子会有无数种基因组合，它们是洋洋洒洒、命运未卜的粉末，被母体释放后就各自在树桩之外的未知世界寻找生存的可能。在同一个树桩上还有四齿藓的其他斑块，呈现出老红杉树干的肉桂色。斑块上的那抹铁锈色来自密集排列的孢子体，它们从下方的绿色植株上生长出来。每一个孢子体的末端都有一个孢蒴，状如开着口的瓶子。瓶口环形分布着四个铁锈色的齿，这也是四齿藓名字的由来。当孢蒴成熟，数以百万计的孢子就会被释放到风中。有性繁殖的产物——孢子，将带着打乱后重组的基因远离它们的父母。尽管这些孢子有着数量和传播距离的优势，它们成长起来的概率依然极小。即便把这些小小的孢子精心地播种在一个适合生长的地方，比如另一个铁杉树桩上，最终也只是每 80 万颗孢子中有一颗能发育为成年植株。在体型和成功率之

四齿藓的有性繁殖植株，
具孢子体

间，显然存在着一种权衡。芽胞比孢子大数百倍，发育成新植株的能力也是孢子的数百倍。比起孢子，芽胞较大的体型和活跃的新陈代谢使它们更有可能成功长大。在实验中，我发现每十个芽胞中就有一个能够长成一棵新的植株。

　　干草耙的声音停了下来，保利沿着阳光斑驳的小路走过来，

想看看我在做什么，真是感谢这夏天热辣的阳光，让我们不得不休息一会儿。我把我的水壶递给她，她大口喝着水，喝完用手背抹了抹嘴巴，俯身坐在了一个铁杉树桩上。我指给她看这两种四齿藓：在无性繁殖的种群中，芽胞乖乖地"待在家里"；而在高度依赖有性繁殖的种群里，它们会把爱冒险的后代托风送走。保利只是点头笑着。这样的情形她再熟悉不过了。她的女儿和她非常像，大学毕业后便决定留在父母身边，和土地打交道。而她的大儿子已经像鸟儿飞出巢穴，在纽约州的另一头做了一名教师。大儿子对农场生活丝毫没有兴趣，每天天不亮就起来挤牛奶，到傍晚牛群回家后，一天便画上句号，这不是他想要的生活。

　　看着倒木和木桩上覆满四齿藓，我忽然发现一个惊人的生长模式。两种繁殖体——芽胞和孢子——分别在独立的斑块出现，几乎从不掺杂。无论是克隆繁殖，还是有性繁殖，每一种繁殖策略通常都与物种本身的特殊性及其生存环境有关。鉴于此，我好奇眼前这种生长模式出现的原因。为什么同一个物种在同一个树桩上，能够在这个斑块上采用克隆繁殖的方式，而在那个斑块上进行有性繁殖呢？为什么自然选择的法则会允许两种相反的行为在同一种植物身上共存？这些疑问让我开始了一段长长的和四齿藓的亲密关系，一段充满迷恋和敬畏的关系。在这段关系里，四齿藓教会了我很多，让我对怎样做科学研究有了更深的理解。

　　我立刻猜测，是不是自然环境的某种因素，使四齿藓形成

　　　　　　　　　　　　　　　　　　　　苔藓森林

了拥有不同繁殖体的斑块？木桩在不断腐烂，也许在木桩表面的不同部位，湿度或养分有所差异，因而不同斑块内的苔藓出现了不同的繁殖方式。于是我不辞辛苦地测量起各种环境因素，想找出与有性繁殖或克隆繁殖行为有关的那个因素。我把一堆东西拖回实验室，有一个酸碱度计、一个测光表、一个湿度计，还有好多袋朽木样品，来分析木头的湿度和养分含量。经过几个月的数据分析，我发现湿度和养分与苔藓的繁殖方式毫无关联。四齿藓在繁殖方式上的选择似乎没有什么道理可讲。不过，如果说我从这片树林里学到了什么，那就是任何一种生存模式都有其意义。为了找到这个意义，我需要努力以苔藓的视角来探寻，而不是以人的视角。

在传统的原住民社区，学习方式与美国公共教育系统中的截然不同。孩子们是通过用眼睛看、用耳朵听和亲身体验来学习的。他们要从这个社群的每一个成员身上学习，无论是人类还是其他生物。直接提问通常会被认为是无礼的行为。知识是不能被直接拿走的，知识只能是被给予的。只有当学生准备好接受知识的时候，教师才能将知识传授给他。知识的获取很多时候发生在耐心观察之后，一个人要通过经验识别那些生存模式，领会其意义。人们都已经知道，真相（truth）有很多个版本，每一种事实（reality）或许都是对某一位讲述者而言。理解每一种知识来源的思维方式很重要。我在学校里学到的科学方法更像是直接提问，很没礼貌地要求立马得到知识，而不是等待知识慢慢显现。从四齿藓身上，我开始懂得怎样换一种方式获取知识，让苔藓自己讲述，而不是从它们身上极力索取答案。

苔藓不会讲我们的语言，它们不会像我们那样感知这个世界。为了从它们身上学到更多，我选择采用与以往不同的节奏来进行实验，以年为单位，而不是以月为单位。对我来说，一项好的实验就像一场优质的对话。每一位聆听者都为讲述者创造了说出自己故事的机会。所以，为了了解四齿藓如何做出繁殖选择，我试着去聆听它的故事。我已经从人类视角了解了四齿藓的分布：它们丛集在一起，处于不同的生长或繁殖阶段。然而这样观察，我弄懂得太少。我不得不承认，我没有把四齿藓看作一个鲜活的存在，一丛苔藓只是随意选取的一个方便我做研究的实验对象，而这对苔藓来说不具有任何意义。苔藓是作为一株株个体来感知这个世界的，要了解它们的生命，我就必须用与它们齐平的视角来观察它们。

于是我忙碌起来，对成百上千个四齿藓居群（colony）中的每个植株进行记录。我把每一处斑块都视作由许多个体组成的家庭，尽心尽力地观察它们。每一棵植株都计数在内，每一棵植株都按性别、成长阶段、繁殖类型（芽胞或孢子）来分类。我也不知道自己一共数了多少棵苔藓，也许有几百万棵。一块密集的苔藓居群每平方厘米可以生长300棵植株。我给每一块居群都做了记号。我发现有一样东西非常适合拿来做记号：马丁尼鸡尾酒里的调酒棒，一种可以用来串橄榄的塑料小剑。塑料小剑不会朽烂，而且明亮的粉红色很显眼，插上去以后第二年也很容易定位。还有一个原因就是，我喜欢脑补登山者发现这

苔藓森林

些东西时的反应。想象一下,登山者如果遇到这些覆满苔藓的木头,看到上面还插着鸡尾酒杯里的调酒棒,一定会发生有趣的对话。

第二年,我回到四齿藓所在的地方,找到了每一块做了标记的居群,重新数了一遍植株的数量。我记录下它们生命中的变化,写满了一个又一个笔记本。来年又是如此。就这样,我常常是膝盖跪在森林地面的枯枝腐叶上,鼻子快要凑到树桩上,渐渐地,我开始像苔藓一样思考了。

我想保利会是第一个理解我的感受的人。在山上几块不平整的土地上养奶牛、做奶农,这是一个非常有挑战的选择。保利做得很棒,因为她了解自己的牛群,了解牛群中的每一个个体,而不是把牛群简单地当作一群动物。农场上的牛都没有佩戴编号耳标,保利却叫得出每一头牛的名字。她只要看一眼玛吉(Madge)往山下走的样子,就能知道她马上要生产了。保利花了很多时间去了解牛的脾气和它们的日常需要,相比那些采用工业化生产方式的奶农,她有着不可比拟的优势。

我的笔记本上记录着每一个斑块的生命轨迹,我一次又一次对小小的苔藓群落进行"人口普查"。年复一年耐心观察,从不简单粗暴地提问,四齿藓终于开始自己讲述自己的故事了。在光秃秃的木头上附着的居群,一开始只是稀疏散乱的植株,是一个有充足发展空间的群落。在这些 1 平方厘米只有 50 棵植株的低密度斑块中,几乎每一棵植株的顶端都举着一个胞芽杯。掉落的芽胞会长成更加茂盛的年轻植株,等第二年我再来这里观察时，它们已经长得密密匝匝了。在一个个居群中，我注意到了一个非凡的模式。随着植株变拥挤，芽胞消失了。从制造芽胞到形成雌性植株，这种变化非常突然。拥挤似乎触发了有性繁殖行为。雌性植株稠密繁盛，雄性植株稀疏分散，不久孢子体就会出现。整块居群之前是生机勃勃的绿色，簇拥着靠芽胞繁殖的植株，而现在变成了铁锈色，开始产生孢子。第二年我再回到这里时，这个居群更拥挤了，几乎达到每平方厘米 300 株的密度。高密度似乎触发了性别表达的急剧变化。现在，新形成的植株全部都是雄性，看不到一株雌性植株或者靠芽胞来繁殖的植株。我们发现，四齿藓是一种顺序雌雄同体（sequential hermaphrodite）的苔藓，随着居群的密度增加而从雌性变为雄性。这种随着种群密度变化而发生性别转换的现象，曾在某些鱼类中发现过，但在苔藓中还从未发现。

为了拼凑出四齿藓的完整故事，我想要确定我对四齿藓这些变化的理解是正确的，也就是说，确实是居群的密度决定了四齿藓选择有性繁殖还是制造芽胞。如果这是真的，那么若我能改变居群的密度，四齿藓就会改变繁殖行为。或许我可以通过非直接提问得到苔藓的回答。用苔藓的语言来问问题，这是我从保利的树林里得到的点拨。

几年前，保利正在准备为小母牛建牲口棚，急需用钱。她决定在她家的林地里采伐一些树。她四处奔走，找来了技术过硬的伐木工人，从而确保伐木时对环境破坏最小。他们在冬天采伐，收获了木材，也打开了郁闭的林冠，并且把地面收拾得干干净净。在冬天之后的每一个春天，瘦过身的树林间，就有了一片花海——开着雪白花朵的延龄草和开着黄色花朵的美洲猪牙花，在茂盛的树冠之下绽放着。树木密度的降低使得更多的光可以照进树林，让老林换新颜。

我就像一个微缩世界里的伐木工，举着小镊子，在密集的四齿藓"老林"当中作业。我一棵一棵地拔出四齿藓，直到居群密度降低到原来的一半。然后我就不再干扰它们，来年再来看它们是不是已经回答了我的问题。没有被拔除植株的苔藓斑块中仍然全是雄性植株，并开始变为褐色。而那些被我拔除过植株的苔藓森林，"林冠"被打开了，逐渐呈现鲜亮的绿色，生机勃勃。我在苔藓丛中制造出来的空间，已经长满了健壮的年轻植株，顶端托着胞芽杯。苔藓用自己的方式回答了我的问题。低密度时，是芽胞生长的时期，而高密度时则是属于孢子的时间。

植株向雄性转化，似乎预示着不好的后果。我一次又一次地发现，雄性植株密集的斑块在达到一定密度后就开始萎缩干枯，变成褐色。这些已经不断繁殖、疲惫不堪的雄性植株居群，很容易被木头上其他种类的苔藓入侵。有时我会发现，插着鸡尾酒塑料小剑的地方已经没有四齿藓的踪影，原来的四齿藓雄性植株斑块消失了，被不断铺展的其他苔藓抹掉了。转换性别的生存方式似乎最终只会自毁前路，走向局部灭绝，那么为什么四齿藓还要做出这样的选择呢？

很多时候，我找到一截熟悉的木桩，却发现那处被精心标记过的四齿藓斑块已经消失了。它原先所在的地方变成了一块干净的新近裸露出来的木头表面。我跪下来，在地上摸索寻找，终于在木桩基部找到了四齿藓的斑块，仍然插着塑料小剑，它是在一场朽木脱落的小型"雪崩"中翻落地面的。这里的树桩和木头都是不断运动的风景。衰朽的进程和动物活动都在加速着木头的分崩离析，一点一点地，不断脱落。这些树桩看起来就像一座座小山，上面生长着苔藓森林，山脚是一个个斜坡，堆积起斜坡的腐烂木块就像倒下的巨石。朽坏的木头一块块脱落，带着附着在它们表面的四齿藓一同掉落，于是出现了我看到的裸露的地方。这些露出木头的空间，会变成谁的地盘呢？仔细看，我发现这些地方散布着小小的圆圆的芽胞，它们被弹射到这里，落在四齿藓"老林"植株的间隙。朽木脱落的这场扰动，同时也播下了种子，芽胞们等待着成长为下一代四齿藓。

我在保利的谷仓边停下来，准备买一箱新鲜的棕皮鸡蛋，刚好保利从外面回来。我们站在阳光下，欣赏着金色晨曦爬上老筒仓[1]的侧面。她听别人说，隔壁村子要开一个赌场，我们嘲笑去赌场的人太不理智，纯粹是拿钱打水漂。"唉！我们根本不用去赌场赌博，经营农场就像玩 21 点游戏，有好年头，有差光景。"保利说。谁都知道牛奶的价格一向不稳定，饲料的花费更是会在一年间翻三倍。农场的营收就像天气一样阴晴不定，可孩子在学校读书的学费只会上涨。正因如此，农场上开始种植

1　筒仓（silo）是农场上用来储存谷物或牲畜过冬食物的一种圆柱形建筑。

　　　　　　　　　　　　　　　　　　　　苔藓森林

圣诞树、养羊、种玉米做饲料。为了缓冲不确定性对生活的影响，艾德和保利多样化地经营农场。奶牛是农场的支柱，但在牛奶价格下跌的年份，就可以靠养羊的收入来支付孩子们的学费，或是做点别的什么生意，比如卖圣诞树。在这个家庭农场日渐消逝的时代，他们靠灵活经营立足，有着弹性生存能力，从多样性中获得稳定性。

对四齿藓来说也是一样的情形。在难以预料的生存环境中，一次树木朽坏脱落就可能破坏四齿藓多年来稳定生长的成果，所以四齿藓做了两手准备。它通过转换繁殖策略，在不稳定的栖息环境中赢得了稳定性。当居群植株稀疏，有很多开放空间时，它会选择克隆繁殖。芽胞能够抢先占领裸露的木头，比任何孢子都迅速，还能在与其他苔藓种类的竞争中保持压倒性优势。但当四齿藓居群变得拥挤，有机会长大的后代就只有孢子。于是有性繁殖开始了。四齿藓制造出带有不同基因型的孢子，它们将随风飘散，离开住在日益逼仄的栖息地上的父母。有性繁殖是一场赌博，不知道哪一颗孢子会落在一截合适的木头上，并且有能力发展出一个新的居群。但可以肯定的是，如果四齿藓一直待在同一个地方，没有任何扰动，居群就会走向灭绝。

别的在繁殖这件事上没那么有想象力的苔藓，在缓慢地匍匐向前，准备吞没小小的四齿藓。但四齿藓很聪明地给自己选择了栖息地。它充分利用木头会腐败并造成扰动这一点。就在已经消耗得差不多的四齿藓居群将要屈服于竞争者的时候，木头表面由于朽烂而剥落了，暴露出新鲜的木头，同时也抹掉了竞争苔藓的斑块，当然四齿藓也一并被抹掉了。这时，如果四齿藓只靠孢子来抢占新暴露出来的空间，它的竞争者通常更容易赢得这场空间争夺战。但是，就在几厘米远的地方，有一个正处于克隆繁殖时期的四齿藓斑块。一场雨过后，芽胞就会被水滴弹到那些新的空间，迅速形成一个郁郁葱葱的新居群。木头朽烂，新的空间不断露出来；与之应和，四齿藓也不断更新着自己。在这场生存游戏中，四齿藓扮演着双重角色，既产生芽胞来赢得短期利益，又散播孢子以获得长期的好处。在不断变化的栖息环境中，自然选择偏爱那些更灵活的物种，而不是固守一种繁殖策略的物种。这似乎很矛盾，那些努力去适应某种特定生活方式的物种来了又走，而坚持开放态度和选择自由的四齿藓却生生不息。

　　或许我们的老农场也采取了同样的生存策略。到今天，它已经有近两个世纪的历史了。在我和保利搬来之前，一代又一代女性曾嘘走跑到马路中间的谷仓猫，种下丁香花，在槭树下养育她们的孩子。现在种牛被人工授精取代了，贮水池也被一口井代替。但这个世界仍然变幻莫测，我们也仍然坚韧地生活着，凭借自然的恩赐，和自主选择的力量。

11

景观中充满机遇

一定是这寂静吵醒了我。黎明前的朦胧微光中有一种不自然的寂静，这个时间本应是棕林鸫歌唱的时间。我拂去迷迷糊糊的睡意，仔细倾听，鸟儿的缺席更是真切，四下安静得吓人。我忽然担忧起来。阿迪朗达克的清晨通常伴着棕夜鸫和欧亚鸲的歌声到来，可是在这个清晨却听不见任何声音。我转身看向闹钟，这会儿是 4 点 15 分。外面的光转眼从银色变成了钢青色，远处隐隐有雷声隆隆作响。鸟儿沉默，到处一片寂静，杨树卷起了叶子，在寂静中僵硬地颤动，发出对雨的呼唤。它们一定在潜心期盼这场雨，我心想。这里人们常说："下雨不到 7 点，雨停不过 11 点。"不管怎样，我今天大概要去划我的独木舟了。我缩回身，舒服地裹着被子，耐心等待大雨来临。这会儿，气压波正冲击着我的木屋，就像有人在用斧子砍树。

木屋的门猛地被风顶开，我赶紧跳下床，跑去关门。从窗户往外看，看到的是一个正涌着水浪、打着漩涡的湖，它仿佛是海，在这片海之上，天空已经变成灰突突的乌绿色压了下来。湖岸的纸桦在狂风中几乎弯得与湖面平行，闪电如同闪光灯，不时地照亮在风中猛烈回旋扭动的桦树，白光照在白色的树干上，就像一道将要跨过湖面的电墙光幕。高过门廊的巨大松树开始哀号，窗户似乎被压得凹进来。我护着两个小女儿躲到木屋最里面。我们心惊胆战地缩在一起，等着玻璃碎一地，等着松树被撕成碎片。在暴风雨面前，我们微弱渺小，什么话也说不出来。

雷声隆隆地响个不停，就像一列长长的货运列车轰鸣而过，然后留下一片寂静。太阳从平静湛蓝的湖面上升起来了。不过还是没有鸟鸣。那个夏天接下来的清晨，也再没有听到鸟鸣。

1996 年 7 月 15 日，阿迪朗达克地区遭遇了密西西比河东岸史上最强暴风雨，到处都是暴风雨劫掠的痕迹。这次暴风雨并非龙卷风造成，而是微下击暴流（microburst），一堵强对流雷暴墙乘着强大的气压波从五大湖区席卷而来。树木被成片刮倒，无一幸免，有的拦腰折断，有的连根拔起。野营的人们困在帐篷里，徒步者也滞留在偏僻地区寸步难行，那里倒下的树木摞起足足 30 英尺高，盖住了所有可以通行的山间小径。直升机出动了，把困在野外的人带到安全地区。不过一个小时，原先荫蔽的林地就变成了一堆撕裂的树木和翻起的土壤，暴露在夏天刺目的阳光下。

这样的浩劫很罕见，不过在灾难面前，森林展现出强大的恢复能力。我听说在中文里，表示"灾难"与表示"机遇"的是同一个汉字。[1]大量树木被刮倒是灾难性的，但也为很多物种

---

1 作者可能是指"遇"这个字。

　　　　　　　　　　　　　　　　　苔藓森林

提供了机遇。比如杨树就能很好地利用这种周期性的扰动。生长迅速而生命短暂的杨树制造出轻盈的种子，它们乘着毛茸茸的降落伞，随风飞向远方。为了飞得更快更远，杨树种子最大程度地轻装上阵。它们只能活几天，如果没有机会着陆发芽就会死掉。倘若一颗杨树种子落到了没有扰动的森林地面，它不会有机会长大。因为杨树种子全靠它微小的根来获取营养，然而它的根实在无法穿过厚厚的落叶层，森林密实的林冠层也挡住了种子萌发所需要的阳光。但是，暴风雨过后，森林地面已经被搅得一团乱，凌乱地堆着木头，还有四处散落的土壤，它们被拔起的树木连带着抛了出来。现在，这里有了充分的光照，有了干净的富含矿物质的土壤，杨树的幼苗将是率先在废墟之上占好地盘的植物。

　　像这样的暴风雨或许一个世纪才有一次，但风每天都在刮，摇晃着树冠，减弱它们对土地的抓力。在北方落叶林带，导致树木死亡的最主要原因就是被风刮倒。重力总是最终的胜利者。树木经常经历暴风雨，或者在冬天负载冰凌，它们极有规律地一棵一棵倒下，就像生态之钟的钟摆一样有条不紊。即便是在风和日丽的天气，有时也会听到有树在呻吟，呼的一声倾倒在地。一棵树倒下，会在林冠层留下一个空洞，紧接着就会有阳光顺着这条竖井通道打到森林的地面上。虽然这些小的空隙还不足以为杨树的生长提供充分的阳光，但是有很多其他物种随时准备着——有生命退场，就有机会出现。比如加拿大黄桦，一棵大树倒下后掀起的小土堆就足够它们的种子萌发，幼苗迎着照下来的光柱迅速生长，很快抵达林冠层，和上面的槭树树冠会合。小土堆最终会在侵蚀作用下变平，黄桦则像踩高跷一样立在自身的根上。加拿大黄桦通常被认为是顶极物种[1]，在由水青冈、桦树和槭树三强联手打造的成熟森林中，加拿大黄桦就是强者之一，而它的存在正是由于森林中的扰动。没有树木倒下，加拿大黄桦就会消失，三强组合的力量也会被削弱。尽管看似矛盾，但扰动对森林的稳定性至关重要。

一片森林在经受扰动后的恢复能力取决于其内部构成的多样性。拥有一套完整的物种体系，就能很好地适应不同类型的扰动，填充扰动后出现的不同空隙。在中等大小的空隙里，暴露的土壤上会长出黑莓；在多岩石土壤的小空隙里会长出山核桃；火灾过后会长出松树；病虫害过后会长出条纹槭。自然景观就像一幅部分完成的拼图，上面有着深深浅浅的绿，空着的地方只能拼上一块特定的拼图，再没有另一块可以拼在那里。森林的这种自我组织模式被称为林隙动态（gap dynamics），从亚马孙到阿迪朗达克，全世界的森林都是如此。

动态模式意味着森林内部有序、和谐地运作，让人感到安心。但如果是由仅仅一厘米高的树木组成的森林呢？创造空隙和形成新居群的动态过程，在微观尺度上同样在运行吗？像拼拼图一样拼合一片景观的规则也适用于苔藓吗？苔藓研究工作

1　顶极物种（climax species）是指生态演替最终阶段的最稳定的顶极群落中的优势物种。

　　　　　　　　　　　　　　　　　　　苔藓森林

的一大魅力就是，我们有机会看到，在何种情形下宏观的生态规则能跨越宏观与微观的界限，来解释那些微小生命的行为。这是一种对秩序的探寻，是一种渴望，渴望一瞥那些将世间万物联结在一起的线索。

那些倒在林间地面的树木很快就会变成苔藓的家园。就像它们头顶上方的森林，苔藓丛也是很多物种组成的拼图。如果你伏到地上，鼻尖凑上前，闻到土壤的味道，你会发现苔藓的织毯并非严丝合缝的绿色。那上面也有空隙，在细小的空当，木头的质地显露出来，就像森林经历风暴之后裸露出来的土壤。顶极物种的统治地位暂时遭到干扰，为反应迅速的投机分子提供了生长的微环境。

生态学先驱 G. 伊夫林·哈钦森（G. Evelyn Hutchinson）有一个雄辩的论断，他把生命世界描述为"生态剧院与演化之剧"。正在朽烂的木头就是舞台，一幕幕剧在空隙里上演，出演的主角是想要抢占地盘的那些物种。

舞台上有四齿藓，它的生命历程与扰动之力交织在一起。就像杨树，如果没有自由竞争的空间，它就无法完成自我更新。当环境扰动制造出一个新的空隙，四齿藓的芽胞就会迅速占领这个空间。当这个空隙变得拥挤，四齿藓就会改变繁殖策略，转为有性繁殖，孕育可以去到更远的木头上、在新的空隙萌发的孢子。孢子形成的时机刚刚好，就在其他苔藓大军入侵空隙之前，趁四齿藓尚未被大军湮没。抢占这些短暂存在的空隙是极其重要的。如果没有任何扰动，四齿藓就无法继续繁衍生息。

无独有偶，另一位演化之剧的出演者是鞭枝曲尾藓。鞭枝曲尾藓与四齿藓有很多共同点：它也生长在朽烂的木头上；它的植株也很小，生命周期很短，很容易被其他蜂拥而至的苔藓挤出局；它也需要在环境扰动制造的空隙上生长；它也拥有混合型繁殖策略。尽管这两个物种互不相干，但在生命机制上非常相似。它们在同样的时间，在同一片森林，占据着相同的木头。生态理论声称，如果两个物种的生存所需非常接近，互相竞争，那么最终，一位玩家会被淘汰出局。

总会有一个胜者和一个败者，没有并列冠军，否则接下来两个物种在同一根木头上怎样分享地盘？它们这样相似，怎么能共生？生态理论再一次断言，只有本质上迥异的两个物种才有可能形成共生关系。那么这两种抢占空隙的物种是怎样瓜分栖息地的呢？这个疑问激起了我的研究兴趣。也许它们选择的是木头上光线、温度或者化学环境不同的空隙。对这两种苔藓来说，抢占空隙对它们的成功繁衍非常重要，所以我很想知道它们都是怎样找到空隙，又是怎样开始新生命的。

既有孢子体又有无性小枝的
鞭枝曲尾藓

　　鞭枝曲尾藓的叶特点明显，绝对不会被误认成四齿藓。四齿藓的叶圆圆的，亮闪闪的，而鞭枝曲尾藓的每片叶都又长又尖，就像一根根迷你松针。它的繁殖策略是既产生孢子，也产生无性繁殖芽体。不像四齿藓可爱的芽胞那样四下弹落到木头上，鞭枝曲尾藓用每一棵植株顶端的"刚毛簇"来克隆自己。理论上讲，这些"刚毛簇"会脱落，释放出一个个长约1毫米、绿色细圆柱形的无性小枝。每一个无性小枝都有潜能长成一棵新的植株。但潜能并不总是可以兑现。为了更加有效地散播，无性小枝必须脱离母体，通过某种方式迁移到一处新的空隙上。

我试了很多办法，想要弄清楚鞭枝曲尾藓是怎样释放无性小枝的，可就是没有看到这个过程。我想无性小枝也许会像四齿藓的芽胞一样被弹飞，于是就设置了用水淋它们的实验。然而什么都没有发生。难道要靠风？我在鞭枝曲尾藓周围摆上了粘板，以便监测任何可能被风吹离母体的无性小枝。还是什么都没有发生。我又加了一个强力风扇，来促成这种脱离。仍然没有看到任何反应。鞭枝曲尾藓制造了克隆自己的繁殖芽体，却似乎并不懂得怎么使用它们。对有机体来说，没有用处的身体部件并不少见。很多有机体都有已经失去功能的退化结构，比如人类的阑尾。也许，无性小枝也一样没用呢。

我的学生克雷格·杨（Craig Young）和我一起度过了两个手脚并用的夏天。死去的树木和它们身上的苔藓群落就是我们的世界。对于被苔藓覆盖的树木上的每一个空隙，我们都花了很多心思来记录具体情况。空隙的湿度、光照、酸碱度、大小、方位、上方的树木种类，还有空隙边缘的苔藓种类，都被我们记在了本子上。与人们普遍的看法相反，血的代价并没有在科学的黎明中消失。五月的黑蝇[1]，六月的蚊子，还有七月的斑虻，都是我们一动不动坐在木头旁收获的恩赐。我们花费很长时间，去一点点地弄清楚眼前苔藓拼图里的每一小块。克雷格已经可以娴熟地徒手捉蝇，在那些折磨我们的凶手拖着沉重的大肚子飞走时将它们逮个正着。他的本子上"血迹斑斑"，有夹扁了的蝇虫印上去的痕迹，还有星星点点我们自己的血。

我们的观察揭示了一种非常清晰的模式，这种模式极其稳固，让我很是惊讶。虽然四齿藓和鞭枝曲尾藓都在死掉的木头上抢占空隙，但它们之间泾渭分明，甚至会让你觉得某些空隙的边缘仿佛立着"仅四齿藓准入"的牌子。四齿藓在超过4平方英寸的大的空隙里最常见，空隙越大，四齿藓越多。鞭枝曲尾藓则占据着小的空隙，通常是一枚25美分硬币的大小。由于木头上的空隙形状各异，大小不同，显然，这两个物种就通过占领特定大小的地盘来实现共生。四齿藓在大的空隙中生长，鞭枝曲尾藓则在小空隙里安居，它们以此避免了竞争。

苔藓的这种生存模式，完美映照了在它们上方的森林的林隙动态模式。四齿藓对大的空隙首先做出反应，就好像它从杨树那里学到了经验，派出大量可以四处散播的繁殖体，迅速克隆自己，填满空隙。而鞭枝曲尾藓就像加拿大黄桦，寻找小的

1　黑蝇（blackfly）是蚋科吸血蝇类的俗称。

　　　　　　　　　　　　　苔藓森林

空隙谋生。整个苔藓的织毯则像水青冈和槭树那样，扮演顶极物种的角色，缓慢地容纳着准备进场的竞争者们。

但四齿藓和鞭枝曲尾藓的故事比森林里的故事更加复杂。我们发现，四齿藓占领的大空隙和鞭枝曲尾藓占据的小空隙总是出现在区别很大的地方。四齿藓的地盘几乎总是位于木头边缘，而鞭枝曲尾藓总在树木高处的区域出现，保持着惊人的规律。我们推论，这两种大小的空隙，一定各有形成原因。会是什么原因呢？

毁灭性的风暴为杨树创造了生长机会，而适宜四齿藓生长的环境是由真菌和谁都不能抗拒的重力营造的。尤其是被称作褐腐菌的一种腐坏树木的真菌，在制造空隙这件事上发挥了巨大作用。这种真菌以一种特别的方式消化木头，它们分解细胞壁中的果胶和纤维素，导致木头收缩破裂，呈现褐色的块状龟裂，而不是像白腐菌那样主要对木质素下手。在倒木较为陡峭的一面，因腐败而日渐疏松的木块只需要重力或者一头从这里经过的鹿扬起蹄子一带，就能让那些腐坏的碎块滚落。落下的碎块可能带走了一群苔藓竞争者，或者带走了其他四齿藓居群，腐木的崩塌创造出了一个大的空隙。

鞭枝曲尾藓所在的小空隙又是怎样形成的呢？它们的成因至今仍是一个谜，就像无性小枝如何脱离母体的那个谜一样，我们不知道鞭枝曲尾藓顽强的无性小枝是怎么找到一处等待它们落脚的空隙的。我们现在缺少一块非常关键的拼图，所以我们继续手脚并用地伏在地上寻找着。

潮湿的木头是蛞蝓主要的生活之所。每天清晨，它们爬过苔藓，留下闪闪发亮的黏液小径，这些迂回的路线就像用隐形墨水写在木头上的讯息，是一个未知的剧本，我们想要通过实验来破译它。我们猜想，也许蛞蝓与无性小枝的脱落和散播有关。我们甚至想，繁殖芽体被蛞蝓的黏液粘在了木头上。于是，在一个个雾蒙蒙的早晨，克雷格和我展开了蛞蝓捕猎行动。每当我们发现一只蛞蝓，就轻轻地把它捉起来，让它的腹部接触一片干净的显微镜载玻片，就像用沾满墨水的饱满的拇指肚摁在指纹卡上。接着我们就把正在惊讶是怎么回事的蛞蝓放回原处，它会立马装死，过一会儿又继续慢悠悠地穿过苔藓丛。我们俩就像采集目标指纹的侦探一样小心翼翼，然后把蛞蝓的"指纹"带回实验室，在显微镜下检查黏液中有没有苔藓的繁殖芽体。答案明白无误，黏糊糊的载玻片上粘着的正是那些绿色的小东西。或许这次，我们发现了重要线索。

看来蛞蝓有能力获取苔藓的某些部分，但是它们能把无性小枝带到足够远的地方，带到木头的空隙上吗？为了估计蛞蝓为苔藓传播繁殖芽体的能力，我们为它们设计了一条小小的跑道——软体动物越野赛跑道。跑道是一个长长的玻璃片，表面很平滑，蛞蝓可以在上面轻松地滑行。我们把刚刚捉来的蛞蝓放在玻璃片一端的鞭枝曲尾藓上，这些鞭枝曲尾藓都是顶着"刚毛簇"准备好释放无性小枝的植株。实验的思路是，记录蛞蝓在玻璃片上的运动轨迹，测量它们带着无性小枝爬行的距离。克雷格来自肯塔基州（Kentucky），那里以纯种马闻名，还有丘吉尔园马场（Churchill Downs）。我想，赛马大概已经融入了肯塔基人的血液。于是，我们各自选了一只自己最钟爱的"蛞蝓马"下注，期待它们在接下来的"蛞蝓赛马"中表现出色。我们一边设置实验，一边哼着《康城赛马歌》（*Camptown Races*）："嘟嗒！嘟嗒！"[1] 唯一的问题是，蛞蝓们似乎很乐意待在苔藓上，保持原地不动。它们稍微漫步了一下，动了动触角略作试探，然后就退回去待在那儿，像一只只正在沙滩上晒太阳的迷你棕色海象，完全无视我们满心的期待。显然，我们得弄点什么东西让它们兴奋起来，引诱它们走出苔藓丛，去玻璃上走一走。那么，什么能让蛞蝓动起来呢？我是一个园艺手册重度痴迷读者，我想起自己曾经读到一个小技巧，说是可以在夜里放一些盛着啤酒的浅盘，引诱蛞蝓从舒服的生菜叶子床上下来。于是，我们用上了那与人类文明一样古老的诱饵：在赛道终点放了那种提神醒脑的饮料。这个方法奏效了。蛞蝓的触角伸向了散发着麦芽芳香的地方，我们的实验对象一反常态，抛弃了它们作为蛞蝓的慢吞吞的行动方式，爬过玻璃，直奔它们的奖赏，在身后留下黏液踪迹。

这场比赛还是相当漫长的，从发令枪打响到比赛结束，中间的时间足够我们去吃个午饭了。黏液踪迹表明，蛞蝓确实会在爬行中带上鞭枝曲尾藓的无性小枝。不过，几乎所有的无性

---

1 《康城赛马歌》是一首著名的美国黑人歌曲，也被改编成儿歌教给孩子们。歌曲中不断重复的"Doo Dah Doo Dah"已成为俚语，用来表达兴奋、激动的心情。

小枝都在离开母体仅仅几厘米的地方就被丢下了，没有一个无性小枝能驾着自己的蛞蝓走到啤酒那里。我们有些失望地把蛞蝓放回树林，实验的结论是，也许蛞蝓在散播苔藓的繁殖芽体这方面只是个小角色。我们仍然没有解开无性小枝的散播之谜。

几天后，在一个酷热潮湿的天气，我们在树林里的一根木头旁一边猛力拍打着蝇虫，一边吃午饭——真后悔没带上一些蛞蝓诱饵饮料啊。克雷格的花生酱和果酱三明治搁在木头上，草莓果酱从面包片边上流出来。花栗鼠大大方方地在野外监测站附近转悠，它们已经习惯来吃花生酱了。它们其实是故意上门自投罗网，就为了吃一口花生酱，当作是给自己的补偿——让一个学生测量身体也是挺烦的。一只花栗鼠尾巴翘得高高的，耳朵机灵地竖着，顺着木头跑下来，径直冲向三明治。我们相视而笑，一个绝妙的点子冒了出来。

第二天，我们的鞭枝曲尾藓越野赛再次举办，这一次是一条长长的赛道，起跑线上站着一位花栗鼠志愿者，它的面前是一块鞭枝曲尾藓丛，再往前铺着几米长的有黏性的白纸。我们一打开笼子门，花栗鼠就像一颗子弹一样冲了出去，它跑过苔藓，跑上赛道，冲进了赛道尽头的另一个笼子里。我们把花栗鼠举起来仔细看，它不停地扭来扭去，我们看到在它肚子的毛发上，还有湿乎乎的粉色小脚上，粘着些绿色的东西。赛道上铺的黏性白纸上，留下了一溜花栗鼠的脚印，脚印里散落着鞭枝曲尾藓的无性小枝。尤里卡！成功了！这就是无性小枝的散播者，不是水，不是风，也不是蛞蝓，而是花栗鼠。是它们踩

　　　　　　　　　　　　　苔藓森林

掉了刚毛一样的无性小枝，而无性小枝上的小叶会帮助它们抓附在花栗鼠身上，就像牛蒡的刺果粘在动物顺滑的毛发上那样，被花栗鼠一路散播。我们怀着十分感激的心情向那只花栗鼠致谢，然后将它放回树林，还送了它一颗花生。

或许你已经注意到，忙忙碌碌的花栗鼠很少在地面跑动。它们会选择踩着岩石、树桩和木头形成的路，蹦蹦跳跳，弯来转去，就像我们小时候会玩的"绝不落地"游戏。它们把木头当作在森林中通行的高速公路。一连好多天，我们就安静地坐在一边，看着花栗鼠在覆盖着鞭枝曲尾藓的木头间穿行。每一根木头每天都要被花栗鼠来来回回踩上好多遍，它们往返于觅食的地方和安身的洞穴之间。它们一旦跑起来通常就会一口气跑到目的地，中间偶尔刹住脚，用一双亮晶晶的眼睛侦察附近是否有捕食者。我们注意到，每次它们突然停住的时候，都有少量苔藓从木头表面被踢起来，就像急刹车时车轮激起碎石。似乎花栗鼠一直在日常生活中制造着我们所观察到的苔藓丛中的小空隙，这些空隙就像路面上被轧出来的坑洞。而且在树木间跑动的花栗鼠，脚趾会粘上鞭枝曲尾藓的繁殖芽体，随着它们一次次地穿行，也在有规律地一点点地散播着无性小枝。这就是我们苦苦寻找的那块缺失的拼图。这也解释了为什么我们只会在木头高处发现鞭枝曲尾藓：只有在花栗鼠来回跑动的地方，这种小小的苔藓才有机会存活。正是在最不起眼的、看似偶然的小事中，隐藏着生命的秩序，生活在这样一个世界是多么神奇！

被暴风雨连根拔起的树木过一段时间就会覆满苔藓，于是暴风雨带来的结果就是，倒木上形成苔藓的织锦，而且它们反映了一种动态法则，也是这种法则，塑造了周围的森林。足以拔起树木的狂风把杨树种子带到别处，它们将长成一片新的森林；朽坏的木头从倒木一侧剥落形成空隙，四齿藓的孢子乘风而来，在这些空隙上继续繁衍生息；加拿大黄桦静静地在一棵风倒木让出的空间里生长；而鞭枝曲尾藓在倒下的树木表面填充着小的空隙。所有生命都有自己的归宿，自然图景的一块块拼图各就各位，每一块都是这个整体不可缺少的一部分。扰动与重生的循环，从毁坏中恢复自身的进程，同样发生在微小的尺度上：这是一个关于命运交织的故事，故事里有苔藓，有真菌，还有花栗鼠的脚步。

苔藓森林

12

城市里的苔藓

如果你在城市里居住，也不必为了看苔藓特意外出度假。当然了，去山顶肯定会看到更加丰富多样的苔藓，或是去你最爱的有鳟鱼游弋的溪流旁，溪流形成的小瀑布下也长着许多苔藓。但其实，苔藓每一天都在我们身边生长着。城市里的苔藓和它们的人类邻居有很多共同点，它们多种多样，能够做出改变以适应环境，能承受压力，能抵抗污染，能在拥挤的环境中求生存。它们还像人类一样经常旅行。

城市给苔藓提供了很多自然环境中很少见的栖息地。有的苔藓在人造环境中远比在野外长得茂盛。紫萼藓（*Grimmia*）无论是在白山（White Mountains）[1]的花岗岩峭壁，还是在波士顿公园（Boston Common）的花岗岩方尖碑上，都一样地生长。在自然界中，石灰岩悬崖并不多见，但在芝加哥街道的每一个拐角都有这样的"悬崖"，苔藓可以安心地待在那些石柱和檐

---

1 白山山脉，又称怀特山脉，主体部分位于美国新罕布什尔州，是阿巴拉契亚山脉的一段。

口上。建筑物上有很多可以储水的凹陷，那里的苔藓最为丰富。下次穿过公园的时候，不妨留心看看公园里的雕塑，特别是那些立于基座的将军，说不定在哪位将军飘逸外套的褶皱里就藏着苔藓；或者经过法院门口时，留心看看法官的大理石雕像，在法官的卷发中也很可能藏着苔藓。苔藓就在我们修建的喷泉边上沐浴，在人类的墓碑上循着碑文生长。

垫丛紫萼藓
（*Grimmia pulvinata*）

　　生态学家道格·拉森（Doug Larson）、杰里米·伦德霍尔姆（Jeremy Lundholm）和一些同行推测，与人类在城市环境中共生的、抗压能力强的杂草，也许从人类最早作为一个物种诞生时就已经与我们相伴了。这些生态学家提出"城市悬崖假说"（Urban Cliff Hypothesis），他们发现大自然悬崖生态系统中的动植物与城市里垂直墙壁上的动植物，相似之处多得令人震惊。很多杂草，还有老鼠、鸽子、麻雀、蟑螂等动物，在悬崖和石流坡生态系统中都很常见，所以或许它们乐意和我们共享城市环境也顺理成章，没什么可惊讶的。城市里的苔藓也是一样，很多种类都喜欢生活在凸起的岩石上，不管是自然环境中的岩石还是在人造岩石。我们会不自觉地贬低城市中植物的价值，认为它们是一群发育不良的散兵游勇，不过是随着近年来城市的发展而新长出的弱小势力。而"城市悬崖假说"认为，事实上，人类与这些物种之间的联系也许已经非常古老，可以

苔藓森林

追溯到尼安德特人之前，那时我们和它们都在山洞和悬崖下寻找庇护之所。古老的悬崖住所给予我们设计灵感，现在，我们把这些设计元素融入城市建设，而我们古老的植物伙伴也跟随我们开始了城市生活。

不过，城市的苔藓不像森林里的苔藓那样，柔软得像羽毛编织的垫子。严苛的城市环境限制了它们的扩张，它们不得不聚集成小小的苔藓垫，长成致密而硬实的一丛一丛，以适应同样坚硬的环境。城市路面或是窗台上草木不生，荒芜的环境会使苔藓很快干枯。为了抵御干燥，苔藓的植株紧密交错，这样有限的水分就能被每一棵植株共享，并且尽可能久地保存。角齿藓就会攒成这样紧实的居群，干燥的时候，它们就像小小的砖块，湿润的时候，又变成绿色的天鹅绒。你会发现，在多砂砾的地方最常看到角齿藓，比如停车场边上，或者房顶上。我甚至看到过铁皮上的角齿藓，它们在旧雪佛兰车和废弃有轨电车生锈的铁壳上生长着。每年角齿藓都会生出挤挤挨挨的孢子体，它们呈现淡淡的紫色，很容易辨认，角齿藓就借助孢子体将孢子送往下一处裸露地带。

无论是在城市还是在别的地方，分布最广的苔藓就是真藓（*Bryum argenteum*），又称银叶

真藓的植株和
孢子体

真藓。每次出行，我都会遇见真藓。在纽约，它出现在飞机跑道上；次日早上，在基多（Quito，厄瓜多尔的首都），它出现在我窗外房顶的瓦片上。真藓的孢子是大气浮游物中从未缺席的存在，真藓孢子和植物花粉组成的云雾在整个地球流转。

大概你已经从上百万株真藓旁边走过，却从来没有留意，因为真藓是典型的生活在人行道裂缝里的苔藓。一场雨过后，或者环卫工人用水管冲洗马路后，总会有水在道路裂缝的微型峡谷中留存。加上行人留下的零碎杂物所产生的养料，这些裂缝就成了银叶真藓的理想居所。银叶真藓得名于其植株干燥时具有的银白色光泽。每一片小圆叶只有不到一毫米长，叶尖白色透明，[1] 用放大镜就可以看到。闪亮的叶尖能反射阳光，保护植株不在炙烤下枯死。在适宜的条件下，这些呈现珍珠般色泽的植株会产生大量孢子体，将它们的后代释放到大气浮游生物中，于是一棵长在纽约的真藓很容易就能在香港落户。即便如此，真藓散播孢子最常规的方式还是通过人的脚步。[2] 真藓植株的顶部很脆弱，很容易折断，这其实也是演化的结果。真藓折断的顶端被行人踩在脚底带走，也许就在另一条人行道上落下，渐渐在这座城市

真藓的叶

1　原文为"边缘长着丝状的白色茸毛"（fringed with silky white hairs），疑表述不准确。——审订者注

2　这里作者忽视了真藓常会产生芽胞来进行无性繁殖。行人鞋底带走的主要是无性芽胞，至少在中国、日本的很多地方如此。——审订者注

繁衍壮大。

真藓的天然生境是高度特化的，在城市环境里它找到了很多对应的生存条件。比起农耕时代，城市建立后真藓的丰度显然大大提升了。例如，海鸟的栖息地是真藓的自然生境之一，真藓会在堆叠的鸟粪上安家；对应的城市生境就是落满了鸽子粪的窗台，鸟粪间会形成闪着银光的真藓垫。类似的情形还有，真藓在美国中西部与草原犬鼠（又称土拨鼠）相伴而生，在北极则与旅鼠共处，它们就像一块写着"欢迎回家"的地垫，铺在草原犬鼠和旅鼠的洞穴入口。动物会在它们的家门口撒尿以标记领地，真藓就在尿液丰富的地方生存下来；与之对应的城市生境则是城市消防栓的基座附近，那里同样对真藓别具吸引力。

另一个寻找苔藓的好地方就是草坪，当然，得是一块没有化学物质污染的草坪。草的基部经常穿行着青藓、美喙藓（*Eurhynchium*）或者其他种类的苔藓，它们在草丛中蜿蜒生长。

大学生活的乐趣之一就是处理各个社区给我们提出的生物学问题。人们有时送来植物让我们鉴定，有时询问我们某种植物的用途。但让我很难过的是，我们接到的很多请求，是问我们怎么杀死某种生物。一位研究土壤生态学的同事说，有一次他接到一位女士的电话，电话里那位女士听起来吓坏了。她按照这位同事写的小册子上的操作步骤在后院做堆肥，几周后她再去看那堆叶子和吃剩的沙拉，惊恐地发现里面全是虫子。她想知道怎么把那些虫子弄死。

我曾经接到一个电话，是一位城市住户打来的，他想咨询怎么消灭他家草坪里的苔藓。他坚信苔藓正在杀死他精心护理的草坪，所以急切地想要除掉苔藓。我问了他一些问题，了解到那片草坪在他家房子北面，被槭树浓重的阴影笼罩着。打来电话的这位住户观察到的是，他的草坪正在变小，而一直在草坪中生长的苔藓开始在那片开阔的空间蔓延。苔藓是不会杀死草的。它们根本就没有能力凌驾于草之上。当环境条件更适宜苔藓生长而不是草时，苔藓就会在草坪中出现。遮阴太多、水太多、pH 太低、土壤板结，任何一个因素都可能抑制草的生长，使苔藓出现。除掉苔藓完全不会帮助生病的草重新振作。正确的方法是增加光照，甚至更好的办法是，拔掉残存的草，让大自然为你建一座一流的苔藓花园。

　　城市苔藓的丰度要归功于当地的降雨。西雅图（Seattle）和波特兰是我所知道的苔藓最丰富的城市。不只是树木和建筑物上会长苔藓，在漫长多雨的冬季，苔藓几乎会在任何东西上生长。有一次，我从俄勒冈州立大学旁边的一座大学生联谊会会堂门前经过，看到一棵用鞋子做装饰的树，各式各样的鞋子挂在高高的树枝上。风吹日晒，鞋带难免朽烂，忽然一只运动鞋从天而降，砸在人行道上，我看到鞋上长满了苔藓。

　　俄勒冈州的人们似乎对苔藓又爱又恨。一方面，人们有一种普遍的骄傲，以苔藓拥护者自居，用与水有关的吉祥物来为橄榄球队加油，比如河狸队和鸭队。另一方面，清除苔藓是一项巨大的工程。五金店的货架上摆满了这类化学制品，像是

"苔藓清""苔藓立不见""强力除苔藓"，等等。在波特兰，公告栏里张贴着广告："小小的，绿绿的，毛茸茸的？除掉它！"这些化学物质最终会流入河流，进入生存环境堪忧的鲑鱼的食物链中。而且，苔藓是杀不死的，它们还会回来。屋顶维护人员会让房主相信，苔藓会侵蚀屋顶瓦片，最终导致渗漏。房主每年交一笔费用，他们就会定期来清除苔藓。他们的说法是，苔藓的假根会伸进瓦片细小的裂缝中，加速瓦片损坏。然而，并没有科学证据来支持或者反驳这种说法。在显微镜下才能看见的假根，似乎不大可能对结实的屋顶造成什么严重的威胁。一位瓦片公司的技术代表称，他从未见过苔藓对屋顶造成任何损坏。为什么就不能让苔藓自然地生长呢？

比起在地面上一次又一次被赶尽杀绝，屋顶堪称苔藓的乌托邦：在屋顶上生长是一个理想的选择。一个长满苔藓的屋顶反而还能保护瓦片，避免瓦片因长时间日晒而出现裂缝或者皱缩。夏天，苔藓能为房子制造一个冷却层，而且下大雨时，苔藓能减缓城市地表径流的流速。除此之外，苔藓屋顶还是一种美的存在。金色的卷毛藓（*Dicranoweisia*）垫，浓密的砂藓（*Racomitrium*）毯，比单调无趣的沥青瓦片要美丽多了。然而我们还是花了大量时间和金钱来除掉它们。在整洁的城郊邻里之间，似乎有一个约定俗成的看法：屋顶长满苔藓暗示着道德败坏的倾向，也意味着瓦片正在朽坏。这样的道德观好像完全颠倒黑白了。按照这个观念，屋顶长着苔藓，就意味着房主或多或少在维护房屋上粗枝大叶。难道道德的高地不是恰恰应该属于这样的人吗？他们找到了与自然进程和谐共处而非针锋相对的方式。我想我们需要一种新的美学趣味，让苔藓屋顶成为一种荣耀、一种身份象征，拥有苔藓屋顶的主人是那些在维护生态系统方面有责任感的人。绿色越多，就越好。邻居们应当把不屑的眼光投向那些把屋顶刮得光秃秃的、一棵苔藓也没有的主人。

有的市民努力清除苔藓，有的市民则欢迎苔藓进入他们的生活。我看到过的最壮观的城市苔藓是在曼哈顿（Manhattan）的一座阁楼。我通常都是徒步或者划着独木舟去看我最爱的苔藓，但这次我是乘地铁，最后坐电梯到五楼，来到一个高出纽约街道很多的地方——杰基·布鲁克纳（Jackie Brookner）[1]的家。杰基整个人小小的，很安静，但是她自带一种光芒，让人一眼就能在人群中发现她，就像沙滩上众多小石头里那颗最多彩的卵石。那个夏天我和她的工作都与巨石有关，所以我专程去拜访她。

我研究的巨石是阿迪朗达克山脉的斜长岩，一万两千年前，冰川把它们推到了呼啸湖（Whoosh Pond）岸边。杰基的巨石是从一个废旧的铝制电枢开始的，先在外面沿着电枢的轮廓裹上一层玻璃纤维布，然后把沙子和碎石混入水泥，并用其覆盖模型表面，手工做出岩脊和山谷，接下来再把土壤安放到仍然湿

1　杰基·布鲁克纳是一位生态艺术家，以其对水生态的关注而闻名，2015 年因癌症去世。本书原著出版时间为 2003 年。

　　　　　　　　　　　　　　　苔藓森林

润的表面。我的巨石被透过槭树林冠层的光线照射，被夜晚的雨和溪流上腾起的水雾湿润，溪流里还有美洲红点鲑在暗影里游着。她的巨石沐浴在一排植物生长灯下，这些灯从阁楼高高的天花板上悬垂下来；装有定时器的喷淋系统给巨石提供水分；巨石待在一个蓝色塑料浅水池中，金鱼就藏在睡莲叶子下面。我的巨石名叫"11N号"，她的名叫"元初"。"元初"是"元初之语"（Prima Lingua）的简称，意思是"第一个声音"（First Tongue）。

　　杰基是一位环境艺术家。她的阁楼里到处都是她脑中想法的实体呈现：用泥土塑成的椅子，用电线和植物的根做成的鸟巢，还有很多脚的模型。它们取模自佃农的脚，铸模所用的土也来自当地，用的是佃农自己耕耘的棉花下的黏土。"元初之语"指的是世界上第一种语言发出的第一个声音，那是水流过岩石的声音。"元初"赫然耸立，有六英尺高，它不只在发出元初的声音，也在讲述环境变迁、水和营养物质的循环，以及有生命与无生命世界之间的关联。杰基的创作不只是"岩石"和水，它是一块表面生长着苔藓的活着的巨石。首先在准备好的巨石表面种下苔藓的孢子，这些孢子来自曼哈顿街道上空，是从杰基的窗户飘进来的。真藓和角齿藓是第一批入住居民中的成员。苔藓和岩石生来就应该在一起，无论它们各自的生命源头是什么。出门散步或者外出旅行的途中，杰基也会捡一些苔藓，邀请它们来自己家里和"元初"生活在一起。有了适宜的生长条件，一个兴旺的群落开始形成。

"元初"还与生态恢复有关。它的美既是视觉上的，也是功能上的，它有着实际的功能性。这座活着的雕塑每一刻都在净化着从它上面流过的水。苔藓能把水中的有毒物质吸附在它们的细胞壁上，它们净化水质的能力极为出众。杰基的艺术作品正在被开发利用，用于废水处理和保护城市溪流。

　　我和杰基一起，用放大镜仔仔细细地看"元初"，观察上面的物种生活模式，还有在叶间爬行的螨和弹尾虫。杰基进行艺术创作的材料是原丝体和孢子体，她非常了解这些结构。在她放着作品草图和墨水的桌子上，还有一个小显微镜。她画的颈卵器的图用胶带贴在工作台上。一个让人难过的现实是，很多科学家相信自己掌握着了解大自然运行机制的唯一方法。艺术家似乎并没有科学家那样的错觉，不认为有什么唯一。在帮助苔藓群落诞生的过程中，杰基发现了更多关于苔藓在岩石上建立领地的秘密，她了解的东西比我所知道的任何一位科学家都多。我们一直聊到半夜，"元初"就在那里悄声低语，以此表达它的赞同。

　　在拥挤的交通和林立的烟囱之间，城市居民每天都要抵抗空气污染对健康的影响。每呼吸一下，空气就进入身体，深入肺部。接着是细小的支气管，越来越接近我们奔流的血液，血液正等待着运送氧气。在肺泡中，你吸入的空气与血液之间只有一个细胞的距离。细胞光亮、湿润，氧气得以溶解并被传输。通过肺部深处这层湿润的薄膜，我们的身体得以持续地与外界交换气体。我们通过呼吸变得更好，也可能变得更糟。城市里流行的哮喘是更广泛的空气质量问题引发的症状。苔藓作为我们的邻居，它们的健康状况也反映着空气质量。苔藓和地衣都对空气污染极其敏感。城市道旁树曾经被苔藓装点得一片绿意，现在已经光秃秃的。去看看你附近的树，便会懂得苔藓的存在或者消失是有意义的。它们是矿井中的金丝雀。

苔藓比高等植物更容易因空气污染而遭到损伤。特别值得注意的是发电厂排出的二氧化硫。二氧化硫是燃烧含硫量高的化石燃料产生的气体。草类、灌木和乔木的叶子有厚厚的很多层结构，表面还覆着一层蜡质，即角质层。苔藓没有这样的保护，它们的叶只有一个细胞的厚度，就像我们娇嫩的肺，而它们是直接和大气接触的。在干净的空气中，这是优势，但在被二氧化硫污染的地区则是灾难性的。一片苔藓的叶和我们的肺泡很像，只有保持湿润才能正常工作。水的薄膜使氧气和二氧化碳这样对光合作用有益的气体得以进出，与外界大气实现交换。而当二氧化硫遇到水薄膜，就会变成硫酸，车辆尾气中的氮氧化物遇到水薄膜则会变成硝酸，这会让苔藓的叶浸泡在酸性物质中。没有角质层的保护，叶的组织就会死亡，绿色褪去，叶变得苍白。最终，绝大多数苔藓被这种严酷的环境杀死，被污染的城市中心再也看不到苔藓的踪迹。工业化开始不久，苔藓就慢慢从城市消退了，在空气污染严重的地方，苔藓仍在持续萎缩。多达30种曾经在城市里生长茂盛的苔藓已经随着空气污染的加剧全部消失。

苔藓对空气污染十分敏感，这使得它们成为出色的污染指

卷叶藓的植株

示物种。不同种类的苔藓对不同程度污染的耐受性是高度可预测的。人们可以利用生活在树上的苔藓监测空气质量，比如，树上如果有卷叶藓（*Ulota crispa*）的微型小鼓包，就表明二氧化硫的含量低于百万分之 0.004，因为卷叶藓对污染高度敏感。城市苔藓植物学家观察发现，苔藓植物以同心圆模式分布，从城市中心呈辐射状向外延展。在城市中心，经常见不到苔藓，但在挨着中心的区域，会有几种对污染耐受性高的苔藓生长，越靠近城市边缘，苔藓的种类就越多。不过，让人欣慰的是，空气质量只要有所改善，苔藓就会回归。

有些人，包括我自己，永远都无法在城市生活。我只有在不得已的时候才会去城市，然后尽可能快地离开。在乡村生活的人更像细枝羽藓，我们需要很大的空间，需要有荫庇的湿润环境，才能充满活力。我们选择生活在安静的小溪边，而不是忙碌的街道旁。我们生活的节奏是缓慢的，我们对压力的承受能力远不及城市居民。这样的生存模式在城市毫无胜算。在纽约的街道上，最需要的就是角齿藓型生存模式：快速，总是在变化，努力在众多竞争者中拔得头筹。城市景观既不是苔藓原本栖息的环境，也不是人类的，然而两者都在努力适应，顶着压力，在城市的峭壁上建起自己的家。下次公交车晚点的时候，

　　　　　　　　　　　　　　苔藓森林

请你把等待的时间用来观察周围的生命，看看它们发出了怎样的信号。树上如果有苔藓生长，那是很好的信号；如果它们不在，那你就要为自己的生活环境担心了。还有，你的脚下到处都是真藓。噪声、废气、摩肩接踵的人群，尽管身处这样的环境，但好在还有缝隙里的苔藓，能带给我们一些小小的安慰。

13

互惠之网：原住民对苔藓的应用

闻到鼠尾草燃烧的第一缕轻烟的味道，我脑海中的涟漪便渐渐散去，就好像我正在看向阳光下清澈河水的深处。小声的祈祷伴着一缕缕烟环绕在我耳边，我能听到自己内心涌出的每一个词。我的叔叔大熊（Big Bear）用古老的方法让我们沐浴在烟雾之中，召唤鼠尾草将他的思想传递给造物主。这种神圣植物燃起的烟让缥缈的思想被看见，吸入烟雾就是吸入了思想，这是一种祝福。

大熊叔叔的嗓音低沉。这一天他开车去了城里，累得不行。他是去谈拿下一座旧学舍用地的事情，那是一座废弃的校舍，在遥远的内华达山区。我很佩服他能同时在这两个世界中行走，既能在政府的繁文缛节中周转，又能以传统方式安居。他的愿望是能在山区为孩子们办一所新式学校。他的学校会教给孩子们最基本的东西：怎样通过读懂一条河来抓住河里的鱼，怎样采集能食用的植物，怎样以一种敬畏自然之恩赐的方式生活。他认同现代教育的价值，为外孙成绩全优而骄傲，但他在帮助一些问题家庭时，每天都能看到这些家庭成员因缺少对彼此的

　　　　　　　　　　　　　　苔藓森林

尊重而付出的代价。

在原住民的认知方式中，人们知道，每一个生命都扮演着独一无二的角色。它们生来就被赐予了与众不同的天赋，有自己的智慧，有自己的精神，有自己的故事。代代相传的故事告诉我们，造物主给了我们这一切，作为最初的指引。教育的根基就是发现我们的天赋，并学会妥善地使用它。

这些天赋也是义务，万物应当互相关心。棕林鸫获得的天赋是歌唱，做晚祷便成了它的义务。槭树获得的天赋是拥有甜甜的汁液，与之相伴的义务就是在一年中青黄不接的时候和人们分享自己的汁液。这就是长者们口中的互惠之网，它把所有生命联系在一起。我看不出创世的故事与我接受的科学训练之间有任何不协调。这种互惠关系我在研究生态群落的过程中一直都能看到。鼠尾草有它的义务，吸取水供给叶子，叶子供兔子食用，还为山齿鹑幼鸟提供遮蔽。鼠尾草还有一部分义务是与人有关的。它能帮我们清空脑袋里不好的想法，把好的想法提引出来。苔藓的角色则是为岩石披上衣裳，净化水源，给鸟儿拿去做软软的窝。这些都是显而易见的。不过我还是在想，苔藓与人分享的天赋是什么呢？

如果说每一种植物都有一个特别的角色，并与人类的生活互相关联，那我们怎么去弄明白植物的角色是什么？我们怎样顺应一种植物的天赋去使用它？传统生态知识作为科学在智识上的孪生兄弟，已经口口相传地传承了无数代。祖母和孙女一起坐在草地上的时候，传统生态知识就从祖母那儿传给了孙女；

叔叔和侄子在河边钓鱼的时候，传统生态知识就从叔叔那里传给了侄子；等到明年，这种知识也会传给大熊叔叔学校里的学生。但它最开始来自哪里？人们怎么知道哪种植物可以用来帮助女性分娩，哪种植物可以掩盖猎人的气味？就像科学知识一样，传统知识也来自对自然细致、系统的观察，来自无数次亲身实践。传统知识根植于人类与当地景观的亲密关系，土地就是人类的老师。通过观察动物吃什么，观察熊采挖百合鳞茎的样子，观察松鼠拍打糖槭树干的方式，人类得以获取关于植物的知识。关于植物的知识也来自植物自身，面对耐心的观察者，植物自然会展现自己的天赋。

现在的城郊生活经常打扫消毒，这成功地把我们与供养我们的植物隔离开来。它们本应扮演的角色被掩藏在了市场买卖和技术的层层包裹中。打开一盒果味麦脆圈，你不会听到谷物的叶子唰啦唰啦地作响。大多数人已经丧失了从一片景观中识别出药用植物的能力，只会阅读装着松果菊（*Echinacea*）提取物的药瓶上的"使用说明"。经过这样一番改造，谁还能认出那些紫色的花朵呢？我们甚至都不再能说得出它们的名字。平均每个人能说得上来的植物名字不到 12 种，而且还包括像"圣诞树"这样的名字。失去名字是失去敬畏之心的开始。重建我们与植物之间联系的第一步，就是知道它们的名字。

我很幸运，从小就认识植物。我在田野间游逛，手指被小小的野生草莓染得通红；我的篮子粗糙得很，但我喜欢用它收集柳条，把它们浸在小溪里；我的母亲告诉我植物的名字，我

　　　　　　　　　　　　　　　　苔藓森林

的父亲告诉我什么样的树用来当柴火最好。离开家上大学学习
植物学以后，我的注意力就转移到了其他方面。我学的是植物
生理学和解剖学、生境分布，还有细胞生物学。我们细致地研
究植物与昆虫、真菌和其他野生动植物的相互作用。但我不记
得我们提过任何关于植物与人类的内容。尤其是原住民，从未
提起过，即便我们的校园就建在奥农达加人（Onondaga）祖
先所居住的故土之上，也就是伟大的易洛魁联盟（Iroquois
Confederacy）[1]的中心地带。讲述植物与人类关系的内容被小
心翼翼地排除在课程之外，我不确定这是偶然还是有意为之。
我形成了这样一种印象：如果把人类这层关系牵扯进来，科
学的高度好像就会被削减。所以当珍妮·谢南多厄（Jeannie
Shenandoah）叫我和她一起去奥农达加国[2]担任植物之旅的领队
时，我一开始是不情愿的。我必须遗憾地承认，我能告诉大家
的只有生态学的名词和解释。我知道珍妮认为我在课堂上给学
生们讲的科学方法很有价值，但我最终通过这趟植物之旅学到
了比我讲授的多得多的内容。

　　我有幸遇到了好老师。我很感激我的朋友和老师珍妮，作
为奥农达加族草药医生和助产士，她给了我许多有益的指引。
她给人一种特别稳当的感觉，走起路来好像时时都在感知脚下

1　易洛魁联盟是北美的原住民部落联盟之一，由莫霍克人、奥奈达人、奥农达加人、塞
　内卡人、卡尤加人和塔斯卡洛拉人这六大部族组成。
2　奥农达加人有自己的传统政府，保留着独特的法律和文化，拒绝美国将其变为一个
　"部落选举系统"（tribal elective system），一直力争主权，自称奥农达加国。

的土地。在教学中，我们渐渐建立起非常棒的伙伴关系，分享各自的植物知识。看到一种植物，我会把我所知道的生物学方面的知识悉数奉上，她则分享这种植物的传统用途。走在她身旁，剪下可用于分娩的欧洲荚蒾嫩枝，还有可制成药膏的杨树嫩芽，我开始用一种不同的方式了解一片树林。过去我一直着迷于植物与生态系统其他部分之间错综复杂的关系，但这种互相关联从未把我自己包含进去，我与这种关联的唯一关系是，我作为一个观察者，从外面看这一切。从珍妮那里，我学会了用坡顶上野黑樱桃的果浆给女儿治咳嗽，学会了从池塘边采来穿叶泽兰用于退烧。我还采来野菜做饭，重新获得了童年时期与树林的联结，一种关于参与、互惠和感恩的联结。当饱餐一顿加了黄油的又香又热乎的阔叶葱之后，就很难感到学术研究与土地的脱节了。

我沉浸在苔藓的生命历程中已经很多年，但我知道我们之间曾经一直保持着一段距离。我们是在智力的层面相遇的。它们给我讲述了自己的生命故事，但我们双方的生命却没有联结在一起。要真正了解它们，我需要知道世界诞生之初，它们被赋予了什么角色。它们要用什么样的天赋来关怀人类？造物主在它们耳边悄悄说了什么？我问珍妮，她的族人用苔藓来做什么，珍妮也不知道。苔藓既没有入药，也没有被人食用。我知道苔藓一定是这互惠之网中的一部分，但一代代苔藓都没能与人有直接的关联，所以我们又怎么能知道它的角色呢？但珍妮让我知道了一件事：植物仍然记得自己的角色，即便人类早已

　　　　　　　　　　　　　苔藓森林

忘记。

在传统认知方式中，了解一种植物禀赋的方法之一就是，留心它们是如何来的，又是如何去的。始终保持一种原住民世界观，把每一棵植物都作为一个有自我意志的存在来看待，就会懂得植物总是在它们被需要的时间和地点出现。它们会去寻找那些可以很好地发挥自己作用的地方。有一年春天，珍妮跟我说，她家树篱的旧石墙边上出现了一种新的植物。在毛茛和锦葵间出现了一大丛蓝色的马鞭草。她从来没见那里长过马鞭草。我贡献了一些我的解释：可能是春天的湿润改变了土壤环境，为马鞭草的萌发创造了条件。我记得她怀疑地挑起眉毛的样子，但出于礼貌，她没有纠正我。那年夏天，她的儿媳被查出得了肝病，向她寻求帮助。马鞭草是一味绝佳的滋补肝脏的药，而它那时就在树篱那边等着呢。一次又一次，植物在它们被需要的时候来到人们身边。这种模式是不是能透露一些信息，告诉我们苔藓是怎么被使用的？它们在各种地方出现，是日常景观的一部分，但它们太小了，经常被我们忽略。植物的信号是一种特别的语言，也许"小"这个特征就是在说，它们在人类居住的环境里扮演的角色，是一个小小的不起眼的角色。而正是这些小小的每天都在那里的东西，一旦消失不见，我们就会最为想念。

我问大熊叔叔和其他长辈，能不能给我讲讲苔藓的用途，结果什么也没有问到。在今天的长辈和过去那些曾经使用过苔藓的长者之间，横亘着太多世代，还有太多由政府推动的文化同化。从使用苔藓到不再使用，其间丢失了太多东西。于是就像任何一位认真的学者一样，我跑到图书馆寻找答案。我翻遍了图书馆里存档的众多人类学家的田野笔记，搜寻着人类与苔藓的古老联系；我去读古老的民族志，想要找到一丝线索——如果我可以向古人发问，他们又会怎么回答呢？我真希望那些书页能像鼠尾草的烟雾一样，把古人的思想变成可见的实体。

我喜欢收集植物，把它们的根和叶装进篮子，让我感到无比快乐。通常我出门的时候目标很明确，就想采集某一种植物，比如刚刚成熟的接骨木果实，或是已经富含果油的香柠檬。但四处寻找的过程才是真正吸引我的部分，在寻找某种事物的途中，总有一些意想不到的发现。我在图书馆也获得了相同的体会。在图书馆查阅资料实在太像在森林里摘莓果了，眼前是宁静的书之田野，阅读者专注地在其间搜寻，而隐藏在茂密灌木丛中的知识就是阅读者要寻找的东西。为了找到它，再辛苦也值得。

我在原住民语言词典中仔细查找，期待找到一些与苔藓有关的本土词汇。我设想如果苔藓是日常词汇中的一部分，那么它也会是日常被用到的事物之一。在很少有人知道的各种学会的会议记录中，我发现了很多个关于苔藓的词：苔藓、树苔藓、莓子苔藓、岩石苔藓、水苔藓、桤木苔藓……而我书桌上的英语词典中只有一个词（moss），这个词把 22 000 个物种缩减成为单一的类别。

虽然苔藓生活在各种不同的栖息地，并由当地的人们命名，但我几乎没有在人类学家的田野笔记中找到过苔藓的踪迹。也许是因为它们太微不足道，或者是因为做田野调查的人对苔藓的了解还不够，不知道怎么采访当地人。举个例子，我找到很多建造房屋的记录，从长屋到简陋的棚屋，记录上满是详细的建造细节，比如怎样砍劈木板，怎样把树皮瓦片装好。这样的记录中不太可能提到苔藓被用于弥合木头之间的缝隙。除非冬天到来，冷风吹进房子，否则不值得把这样的细节记录到纸面上。一阵冰凉的风钻进脖子里，确实会让人更容易注意到与寒冷有关的事。

挤挤挨挨的苔藓具有隔热的性能，能很好地把冬天的寒冷挡在外面，让屋里的人手脚暖和。翻看了很多资料以后，我发现生活在北边的人们有一种传统的做法，就是用柔软的苔藓给冬靴和棉手套加一层内衬，进一步隔绝寒冷。著名的"冰人奥茨"是一具5200年前的古尸，在正在融化的蒂罗尔冰川（Tyrolean glacier）被发现。他的靴子里就垫着苔藓，其中还有扁枝平藓（*Neckera complanata*）。这些苔藓其实为研究奥茨的来历提供了一条非常重要的线索，因为扁枝平藓目前已知的生活环境只有低地山谷，在发现地南边60英里左右。在北方的森林中，云杉树下铺满了枝叶如同羽毛的苔藓，它们又暖又软，会被用于填充床垫和枕头。"近代植物分类学之父"林奈在记录中写道，他在拉普兰地区（Lapland）的萨米部落中游历时，曾睡在一床轻便的金发藓铺盖上。用灰藓（*Hypnum*）填充的枕头据说会让枕着它入睡的人做一些特别的梦。其实，灰藓的属名本来就是让人昏昏欲睡的意思。[1]

　　我还搜集到苔藓的一些其他用途，比如编织进篮子里作为装饰，用作灯芯，用来擦洗碗碟。我很开心能找到这些不起眼的记录，这些记录表明人们对苔藓并非漠不关心，苔藓真真实实地在日常生活中发挥着作用。但我也有些失望。在我找到的所有资料里都看不出造物主赐予苔藓的特殊天赋，那独一无二的、不能被任何其他植物替代的天赋。毕竟，用干草也能垫靴子，用松针也能铺出软软的床。我一直想要找到的，是一种能反映苔藓本质的用途；我希望看到，那些隔着遥远时光的古人也是像我这样理解苔藓的。

　　图书馆带领我在探寻的路途中前进了一步，但直觉告诉我图书馆里的资料是不够的。每一种获取知识的方式都有其优势，也有弱点。我在一大堆书后面稍事休息，想起和珍妮一起去寻找植物的情景，那时雪刚刚融化，新绿的嫩芽开始从冬天积累得厚厚的落叶间破土而出。款冬是我们找到的最先开花的植物之一，它们生长在奥农达加溪（Onondaga Creek）布满砂砾的岸边。植物学家可能会将此解释为款冬的生理需求或者它们对竞争环境的低耐受度。很有可能确实如此。但在奥农达加人的理解中，款冬生长在这里是因为容易被人们采集和使用：药用植物总是会靠近疾病所在的地方，在病源附近生长。漫长的冬

1　灰藓的属名 Hypnum 有"催眠"的意思，源自古希腊神话中居于地狱的睡神修普诺斯（Hypnos）之名。灰藓可作为很好的枕头填充材料，因此得名。

天过去，河里的冰刚刚消失不见，奔流的河水对孩子来说是无法拒绝的诱惑。他们下河玩水，溅起一片片水花，他们甩着树枝比赛拍水，一直玩得浑身湿透，丝毫不觉寒冷已经侵入身体，直到回家后，半夜从睡梦中咳醒。小孩子玩得脚湿湿的，很容易像这样着凉咳嗽，而款冬茶刚好对治疗这种咳嗽有用。原住民植物知识的另一个信条是，我们可以通过观察一种植物在哪里生长来了解它的用途。例如，我们已经知道，药用植物通常会出现在疾病发生地的附近。珍妮的叙述中并没有任何否定科学解释的内容。她的说法将款冬怎样生活在溪边这一问题扩展为"为什么"，跨越了植物生理学无法抵达的边界。

从一种植物栖身的地方可以看出它的用途。在林间穿行的时候，我始终想着这句话，其间还失策抓住了一根有毒的常春藤，拉它攀上一处陡峭的河岸。意识到情况不妙后，我立刻去看常春藤旁边的植物。凤仙花对毒藤的忠诚度让人惊叹，它和毒藤长在一处，在同样的湿润土壤中生长。我掰断一截凤仙花枝干，多汁的枝干在我的手掌间发出一声令人满意的折断声，还有很多汁液跟着冒出来，我把这解药涂在两只手上。凤仙花的汁液能解毒藤的毒，还能阻止我手上冒出的疹子继续蔓延。

那么，如果植物通过它们生长的地点表明自己的用途，苔藓给我们的讯息是什么呢？我思考着它们生长的地方：沼泽地，河岸边，鲑鱼跃出水面时水花溅落之处。如果这些暗示还不够明显，那么它们在每次下雨的时候都会向我们展示自己的天赋。苔藓对雨有一种天然的亲近。一株又干又脆的苔藓，在一场暴风雨过后就能吸足水分，重新变得饱满。它是在教我们认识它的角色，而且用的是比我在图书馆里能找到的任何东西都更加直接和优雅的语言。

也许，19 世纪的人类学之所以很少提及苔藓，是因为那时的人类学是根植于这样一种现实：大多数观察者是当地居民群体中的上流绅士。他们研究的东西建立在他们能看到什么的基础之上，而他们能看到什么又是由他们所在的阶层限定的。他们的本子里满是男人喜欢追逐的事物：打猎、捕鱼、制作工具。苔藓只有出现在武器中，被用作鱼叉尖端与叉柄之间的衬垫时，才会被巨细无遗地描绘。然而，就在我准备放弃搜寻的时候，我找到了那个我需要的信息。那只是一个不起眼的条目。从这个条目简短的表述上，几乎能看到藏在它背后的羞怯："苔藓在尿布和卫生巾的制造中有着广泛的应用。"

想想在这个浓缩成一句话的条目背后有多少复杂的关联吧。苔藓最重要的用途，最能体现它们特别天赋的角色，是用于制造女性的日常用品。现在我就不那么惊讶了，那些身为绅士的民族志学者不会钻到照顾小婴儿这样细碎的生活日常中，更何况还是最单调无趣却又必不可少的尿布。但是，对一个家庭来说，还有什么比宝宝健康长大更重要呢？在这个使用一次性尿布和婴儿抗菌湿巾的时代，已经很难想象没有这些婴儿用品要怎么养育孩子了。如果非要想象一整天把婴儿背在背上，没有尿布，我不敢往下想会出现什么画面。我很肯定，我们族人的女性先祖找到了非常聪明的解决办法。在家庭生活中最为基本

苔藓森林

的事情上，苔藓展示出了非常了不起的功用。描述它的功用没有什么羞于启齿的，宝宝会被包好放在铺有干燥苔藓的摇篮板 [1] 中。我们知道泥炭藓（*Sphagnum*）能吸收自身重量 20 到 40 倍的水。这样强大的吸水能力可以和"帮宝适"纸尿裤媲美，可以说泥炭藓是史上第一款一次性尿布。装满苔藓的育儿袋或许就像今天普遍使用的尿布包一样，对那时的妈妈们来说非常重要。干燥的泥炭藓中有大量缝隙，充满空气，就像它们在沼泽里吸收水分一样，能通过毛细作用将尿液吸走，保持宝宝皮肤干爽。它们具有偏酸性的收敛性和温和的抗菌性，甚至还能防止宝宝起尿布疹。就像款冬长在河边那样，泥炭藓也来到了自己被需要的地方。海绵状的泥炭藓就生长在人们触手可及的地方，浅水洼边上就有，妈妈们会在这里俯下身给宝宝洗身体。我的宝宝从来没有感受过柔软的苔藓触碰她们的皮肤，没有通过那样的纽带与世界连接——那是"帮宝适"永远无法提供的纽带。作为一个在新千年伊始养育孩子的妈妈，我感到有些遗憾。

女性在月经期也与苔藓紧密联系，在很多传统文化中，月经期被称为女性的"月亮时间"。干燥的苔藓被广泛用作卫生巾。民族志的记录在这里又一次一笔带过。女性在月经期会躲在小屋子里，男性对女性在此期间的活动一概不知。我猜想，那些靠天生存的族群，夜宿在没有任何人工光线的天空下，他

---

1 摇篮板（cradleboard）是北美很多原住民用来安放婴儿的传统工具，有一块背板，围绕背板用布料等做成茧形，上面有绳带，能固定婴儿。摇篮板平时可以背在背上。

们的驻地上会有那种小屋，同期处于"月亮时间"的女性就聚集在里面。人类学家一直以来都给出这样的说法：月经期的女性会被暂时孤立，脱离日常生活，因为她们被认为是不洁的。但这种说法来自人类学家对地方文化的假想，而不是来自当地女性的口中，如果去问她们，一定会得到截然不同的说法。尤罗克族（Yurok）女性会告诉你"月亮时间"是一段可以冥想的时间，她们还会提到一些特别的山中湖泊，只有处于"月亮时间"的女性才被准许进入沐浴。易洛魁部落的女性会说，之所以禁止处于"月亮时间"的女性活动，是因为这个时候的女性处于精神能量的最高点，强大能量的流动会扰乱她们周围的能量平衡。在一些部落的人们看来，月经期隐居是一段精神净化和修炼的时间，就像男性在汗屋[1]中经受汗蒸一样。在女性的小屋里，在各种物品间，肯定有一筐筐苔藓，这是女性为月经期之用而精心挑选出来的。似乎由此必然会得到一个结论：女性是非常熟练的苔藓观察者，她们能辨认不同种类的苔藓，熟知不同苔藓的质地，她们早于林奈很多年就创造了一种精细的分类体系。教养良好的女传教士要是知道有人这么度过月经期，估计会惊恐地皱起眉头。但我还是觉得，月经用品从苔藓变成用开水煮过的白布，这个变化过程中我们丢掉了什么东西。

1　汗屋（sweat-lodge）是北美印第安人的一种传统建筑，类似现在的桑拿房。人们将水泼到滚烫的石头上产生蒸汽，让人出汗，以达到宗教上的目的，或者起到医治身体的作用。

　　　　　　　　　　　　　　　苔藓森林

我读到另一本民族志，是一位名叫厄纳·冈瑟（Erna Gunther）的女性撰写的。里面全是她对女性工作的观察，尤其是描述女性如何准备饮食。苔藓本身是不能当作食物的。我曾经尝过苔藓，又苦又糙，只要尝一小口就能打消把它做成食物的念头。尽管苔藓不能直接吃，但在多雨的太平洋西北地区的印第安部落，苔藓格外丰富，它们在食物准备过程中具有重要作用。在哥伦比亚河流域，两种最主要的食物是鲑鱼和糠百合（*Camassia quamash*）的鳞茎，当地人把这两种食物奉为天赐之物，它们使一代代人得以生存。鲑鱼和糠百合都与苔藓联系紧密。

收获鲑鱼通常是一项需要一个家庭齐心协力完成的工作。捕鱼这个环节是男人的活儿，女人负责处理鲑鱼，在桤木火堆上把鱼烤干。干燥的烟熏鲑鱼将会是整个部落一年的食物，所以熏鱼的步骤必须非常细致，确保食物的品质，以便放心食用。在把鱼烤干之前，首先要把刚捕到的鱼处理一番，擦掉鱼身上那层黏糊糊的东西，这样可以去除有毒物质，还能避免鱼干燥后皱缩。过去，人们是用苔藓擦拭鲑鱼的。民族志中写到了奇努克人（Chinook）的做法。奇努克女性会储存大量干燥的苔藓，用箱子和篮子装好，以便在收获鲑鱼时，手头有充足的苔藓备货。

西北部印第安人的另一种主要食物糠百合，收获时也离不开苔藓的辅助。糠百合属于百合科，春天会盛开一串串极富贵族气质的蓝色花朵。生活在这里的印第安部落——内兹佩尔塞人（Nez Perce）、卡拉普雅人（Calapooya）和尤马蒂拉人（Umatilla）——会精心打理糠百合生长的湿润草地，烧荒、除草、翻土，慢慢耕耘出大面积的糠百合草原。刘易斯（Lewis）和克拉克（Clark）[1]在调查日志中写道，花海绵延不绝，从远处看，还以为那片糠百合洼地是一片波光粼粼的湖泊。刘易斯和克拉克的这次远征十分艰辛，他们翻越了比特鲁特山脉（Bitterroot Mountains），饿得半死。是内兹佩尔塞人用冬天储存的糠百合救了他们。

埋在地下的糠百合鳞茎富含淀粉、脆嫩新鲜，味道有点像生土豆。当地人不常吃新鲜的鳞茎，而是很仔细地用一种方法来处理它们，最终把鳞茎变成浓稠的糊状，带有糖浆的甜味。准备工作的第一步是挖一口土灶来烘烤和蒸煮糠百合的鳞茎。土灶内壁用石块砌成，土灶里面则是一层一层的糠百合鳞茎。每放一层鳞茎，就放上一层湿润的苔藓软垫，如此轮流堆叠，码放得整整齐齐。整个土灶上方用蕨类植物覆盖，再在上面点起一个火堆，烧上整整一夜。湿润的苔藓能产生水蒸气，水蒸气弥漫到鳞茎之间，把它们烘烤成深棕色。等开灶放凉，人们就取出蒸熟的鳞茎，捏成长条或者砖块的形状，以便储存。当

1　指美国陆军的梅里韦瑟·刘易斯上尉（Meriwether Lewis）和威廉·克拉克少尉（William Clark），他们于1804年至1806年受美国开国元勋、第三任总统托马斯·杰斐逊委派，向西探险，也就是著名的刘易斯与克拉克远征（Lewis and Clark expedition）。这次探险的主要任务是向西扩张，考察地理，开拓贸易。探险记录形成了第一部关于美国西部的杰作《刘易斯与克拉克探险日志》（*The Journals of Lewis and Clark*）。

地人整年都会食用糠百合，在西部地区，人们还会用苔藓和蕨类植物把糠百合包好，广泛交易。

在西部印第安部落中，糠百合是重要的庆典食物，直到今天仍是如此。在纽约上州的奥农达加部落，一年中的重大时刻就是一场场向植物表达感谢的庆典，植物们循着时令变化依次登场，先是糖械，然后是草莓、豆子和玉米。每年十月，在加利福尼亚的大熊社区（Big Bears）会为橡子举办一场庆典。据我所知，没有专门感谢苔藓的庆典。也许把敬意融入每一天的细微生活中，是向这些日常用到的小小植物致敬的更好方式。苔藓给我们的宝宝创造舒适的摇篮，吸收女性的经血，帮助伤口愈合，为我们抵御寒冷——它们参与到这个世界的生命合唱中，来确认自己的存在，这不正是我们找到自己在世界中所处位置的方式吗？

人们聚在一起，向植物们，向这些伟大的、谦卑的存在表达感谢，感谢它们再一次尽职尽责地给予人类关照。人们燃起烟草向它们致意。在我们部落的文化中，烟草是传递知识的桥梁。我想，尊重通向知识的不同路径也是很重要的：不管是口口相传地传递知识，通过书写传递知识，还是从植物身上获得知识。现在也是时候反观一下我们人类的职责了。在互惠之网中，我们能够回赠植物的，属于我们的特殊天赋是什么？我们的职责是什么？

祖先已经告诉我们，人类的角色是去敬畏和管理。我们的职责是用尊重生命的方式去关照植物和所有的土地。我们懂得了使用一种植物是在表达对这种植物自然特质的尊重，而且我们应以一种可持续的方式使用，让植物可以不断地发挥自己的天赋。神圣的鼠尾草的角色是让人的思想实体化，好被造物主看见。我们可以从鼠尾草这里获得启发，让我们的敬畏之心和感激之情被整个世界看见，并以这样的方式栖居大地。

14

那只红色运动鞋

我在阳光下的一片沼泽中独自"舞蹈",脚下的土地微微颤动,波纹缓缓荡开。有好一会儿,我的一只脚悬在半空,仿佛晕船一样,想要找到一个坚实的地方落下踩稳。每一步都会激起新的波纹,就像走在水床上一样。我伸手抓住一棵北美落叶松的树枝,好稳住脚跟,但这会儿我已经站在一个地方太久,冰凉的水环绕着我的脚踝。沼泽吸住我的脚不愿放开,我费力地把脚拔出来,小腿上裹着黑色的淤泥。我庆幸自己把靴子留在了蛇形丘[1]上面。几年前在一次野外调查中,我丢了一只红色运动鞋,把它留在了某个地方的深处。所以现在,我干脆打赤脚。除了喜欢偷人脚上穿的东西的癖性,这软绵绵让人站不稳的沼泽也是一个可爱的所在,在这里可以度过一个美好的八月下午。

视野范围内的树木绕成一个圈,把沼泽和森林的其余部分

---

1 蛇形丘指在冰川边缘或冰川前端由冰水沉积形成的狭长、曲折如蛇的垄岗,由砾石和沙组成。

隔开。长成一圈的泥炭藓在阳光下闪着绿色的光，就像深色云杉背景之上的一只萤火虫。在这里，我们的祖辈所说的看得见与看不见的世界如此亲近地和谐共存，洒满阳光的泥沼表面和黑漆漆的泥塘深处和平共生。这里还有很多我们用眼睛看不到的东西。

　　在五大湖区的森林中，我的祖先居住的土地上，遍布着锅穴沼泽[1]。阿尼什那比人（Anishinaabe）[2]用水鼓来举办庆典，这种鼓极其神圣，是不会随意给众人看的。水鼓是用鹿皮蒙住一只装满圣水的木碗制成，它"象征着水、宇宙、世间所有生灵和人的心跳"。木头制成的碗代表对植物的敬意，鹿皮代表对动物的敬意，而碗中的水则代表对地球母亲的敬意。水鼓由一个圆箍束紧，圆箍代表着万事万物在其中运动的圆圈，代表着诞生、成长和死亡，代表着季节的更替循环，代表着年复一年的流转。

　　在生长着泥炭藓的沼泽，苔藓的角色举足轻重，地球上再没有别的生态系统能如此凸显苔藓的地位了。在这颗星球上，泥炭藓属的固碳量比其他任何一个属的植物都要高。在陆生环境中，苔藓会被维管植物遮挡，只好接受相对次要的角色。但在沼泽环境中，苔藓是顶级植物。泥炭藓不仅在沼泽中旺盛生

1　锅穴沼泽（kettle hole bog）是指由于埋在地下的大量的冰融化而形成的沼泽。
2　阿尼什那比人是生活在美国和加拿大的众多印第安原住民的统称，主要分布在五大湖地区和近北极地区。他们至今仍然保留着很多传统，尤以传统药学著称。给予本书作者印第安血统的波塔瓦托米部落就是阿尼什那比众多部落中的一支。

　　　　　　　　　　　　　　　　　　　　　　　　　苔藓森林

长，它还创造了沼泽。酸性、水淹的环境不利于大多数高等植物生长，而泥炭藓通过自身了不起的特性，彻底塑造了外部环境，据我所知，没有任何一种其他植物——无论大小——能像泥炭藓这样出色。

泥炭藓覆盖在沼泽的每一寸土地上。说是土地，其实根本不是土地，而是水，被苔藓搭建起的结构巧妙地托举着。我正走在这水上，走在水塘表面匍匐着的泥炭藓软垫上。沼泽的中间能看到一部分水塘原本的样子，那是一块平静幽暗的水面。沼泽水塘异常平静，透亮如镜。幽暗的水面吸引我向下看，去探寻那些不可见的东西。在这里，不会有水流搅乱夏天云朵的倒影，因为这片沼泽的唯一水源就是降雨。在这座泥炭藓的岛屿，没有溪流汇入，也没有溪流流出。水是清的，缓慢腐败的泥炭藓释放着腐殖酸和鞣酸，把水染成了根汁汽水[1]般的褐色。

一株泥炭藓

单看一株泥炭藓，会让人联想到刚在池塘里游了一圈上岸的英国牧羊犬，浑身滴滴答答地淌着水，把地板弄得净是水洼。泥炭藓也有一个酷似墩布头的醒目头部，那是一丛擎出水面的丛生短枝；茎干的节上长出

---

1 根汁汽水（root beer）是一种口感清凉的无酒精碳酸饮料，盛行于北美。

长长的枝，垂悬在那里，遮住了植株的其余部分；叶非常细小，只是一层绿色薄膜，像浸透了水的鱼鳞，紧紧地贴在枝上。当泥炭藓生长的垫子被搅动时，从下面的淤泥里会释放出含硫气体的气味，闻起来也像湿漉漉的牧羊犬的味道。

泥炭藓最让我惊叹的是，植株的大部分其实是死亡状态。在显微镜下，可以看到每一片叶上的死细胞斑块边缘都围着狭窄的活细胞带，就像绿色的篱笆围着空荡荡的牧场。二十个细胞中只有一个是真正活着的细胞，其他细胞都已经死了，留下的细胞壁如同一具具骸骨，环绕着曾经是细胞内容物的空空如

泥炭藓的叶细胞，显示近圆形的水孔

也的空间。这些细胞并非染病而死，它们是以死亡来达到最终的成熟，充分实现自己的价值。死细胞的细胞壁上有很多水孔，显微镜下就像一个筛网，布满了细小的孔隙。这些多孔的细胞无法进行光合作用，也无法自我复制，然而它们却是确保整棵植株成功生存下去的必备要素。它们唯一的功能就是留住水分，锁住大量的水。如果从看似坚实的沼泽表面抓起一些泥炭藓，你会发现泥炭藓在滴水。你能从一大把泥炭藓中拧出将近1夸脱[1]的水。

通过让死去的细胞吸饱水分，泥炭藓可以吸收相当于自身重量20倍之多的水。泥炭藓惊人的吸水能力使它可以按照自己的心意来慢慢改变生态系统。泥炭藓填满了土壤颗粒之间的空

---

1 1夸脱 = 0.946升。

间，使土壤浸透；如果没有泥炭藓，这些空间中可能会是空气。植物的根也需要呼吸，而喜欢在水涝状态中生活的泥炭藓为根部创造了厌氧生存环境，这对绝大多数植物来说都是无法承受的。这样的厌氧环境阻碍了树木的生长，于是沼泽上就能一直保持开阔、洒满阳光。

在活着的泥炭藓下面，浸透了水的软垫中缺少氧气，微生物的生长也因而减缓。结果就是，死去的泥炭藓分解过程极其漫长，甚至可能数百年都基本没有变化。埋在下面的泥炭藓就那样留在那里，日复一日，年复一年，渐渐积聚，直到充满整个泥塘。如果我还能在沼泽深处找到那只红色运动鞋，应该会看到那只鞋子丝毫没有变旧。想象一只运动鞋比人活得长久，实在是很怪异的事。一百年后，它也许最终成了我曾在这颗星球上短暂存在的最切实的证明。真庆幸它是红色的啊。

正因为泥炭藓的完美保存机制，人们得以收获了一次惊天大发现。在丹麦的一处泥炭沼泽，一群挖泥炭的人挖出了已在地下埋葬了两千年的古尸，而且保存完好。考古学研究表明，这些尸体是图伦人（Tollund）的遗骸，是铁器时代被称作"沼泽人"（Bog People）的农民。葬身沼泽并非因为意外，有证据表明这些农民是在农耕祭祀中献祭而死的，他们献出自己的生命以换取丰收的年景。他们脸上的表情惊人地安详，他们无声地述说着一种对生命的理解：只有通过死亡，才能获得新生。

极其缓慢的分解过程带来一个副作用，生命体内的矿物质不容易在沼泽中形成循环。矿物质以复杂有机分子的形式保留在泥炭中，大多数植物都无法吸收。这会导致严重的营养物质缺乏，很多维管植物都无法承受如此贫瘠的环境。那些成功在沼泽中扎根的树木，大多数会黄蔫蔫的，发育不良。土壤中尤其缺氮，但有些沼泽植物已经演化出特别的应对办法：吃虫子。

沼泽是食虫植物的独享家园，茅膏菜、捕虫草、捕蝇草等，就在泥炭藓的垫子上安家落户。沼泽中的斑虻和蚊子非常多，每一只都是一个飞翔的浓缩动物氮营养包。植物为这些氮营养包准备了黏糊糊的陷阱和精心设计的捕虫器，用特化的变态叶去获取这些根部无法提供的养分。

泥炭藓完全掌控着它所生长的环境。它不光制造了水涝、贫瘠的环境，还改变了酸碱度，给自己上了双重保险。泥炭藓能酸化水环境，使其他植物难以在此生长。通过释放酸，泥炭藓能够吸收稀缺的营养为自己所用。沼泽边缘水的 pH 值可能只有 4.3，相当于稀释的醋的酸度。

酸性环境有助于增强苔藓的抗菌性。大多数细菌在低 pH 值的条件下会受到抑制。正是因为良好的抗菌性和卓越的吸水能力，泥炭藓曾一度被广泛用作绷带。第一次世界大战时，由于埃及境内的战争影响了棉花的供给，在战地医院中，经过无菌处理的泥炭藓成为使用最多的伤口敷料。

在一株泥炭藓中，活细胞与死细胞的比例是 1∶20，这种悬殊的差距反映了整个沼泽的结构。沼泽的大部分区域是死寂的，看不见的。一片泥炭藓沼泽由两个分层组成：沼泽下面已经死去的泥炭层和沼泽表面仍然活着的薄薄的苔藓层。一株泥炭藓只有最上面几英寸是活着的。能享受阳光的绿色头部还有当年长出的丛生短枝，不过是长长的泥炭藓植株的尖端，它们只是很小的一部分，整株泥炭藓甚至可能伸展到沼泽深处几米的地方。每年，活着的苔藓层都会向上生长，离下面的水域越来越远。但呈下坠姿态的枝会垂下来，叶中的死细胞就会通过毛细作用将水从下面的泥炭层吸到活着的苔藓层中。

一片泥炭藓的叶

一丛泥炭藓的枝

　　苔藓层下面就是泥炭，它们是泥炭藓被部分分解的残骸，曾经也生活在沼泽表面。死去的苔藓在水和上面植物的压迫下，不断下沉。这便构成了沼泽的基底，它像一块巨大的海绵，将贮存的水分源源不断地向上输送，把水从看不见的地方运到看得见的地方。

　　人们使用泥炭的历史很长，从古希腊时期的盆浴疗法到如今用于生产乙醇。对很多北方民族来说，燃烧干泥炭砖是重要的取暖方式。苏格兰威士忌丰富的秋日滋味，正是来自泥炭缓慢阴燃产生的烟气对发芽谷物的熏烤。据说，苏格兰单一麦芽威士忌的独特风味来源于当地泥炭，这种高品质的泥炭采挖于一片特定的沼泽。如今全世界的泥炭地被大面积抽干，用来种植某些特定的蔬菜作物，比如生菜和洋葱。

泥炭最主要的商业用途是用作花园土壤添加剂。我曾经在一处河漫滩的边上拥有一个花园，那里的土壤黏土含量极高，我们都能开一家陶器店了。我买了几包泥炭，混入花园的土壤中。细碎的有机物质能疏散黏土颗粒，使原本坚实的土壤变得松软。人们也会把泥炭埋进花园里来增强土壤的持水性，这是利用了那些死亡细胞的吸水性能。泥炭还可以成为一块储存营养物质的海绵，使营养物质慢慢释放，被植物吸收。打开一袋泥炭，立马就能闻到沼泽的味道。当我用手捻碎泥炭撒进花园时，我会想起泥炭的故事，想起它从哪里来。这些重见天日的干燥的棕色纤维，曾在沼泽黑漆漆的水下沉睡了千百年。而在沉睡之前，它们又曾在沼泽表层的绿色世界短暂地存在，在那个世界里，蜻蜓紧追着蚊子，迅速出击捕获猎物，夺走了茅膏菜嘴边的美味。商用泥炭是从干涸的沼泽中开采出来的，这些沼泽有的是自然干涸，有的是人为排空。在使用泥炭这件事上，我和我的花园也一样脱不开干系，这让我内心难安。我还是喜欢那个湿湿软软，一脚踩下去就会有泥巴在脚趾间钻来钻去的沼泽。

赤脚走进一片沼泽是了解沼泽的最好方式。脚可以告诉我们眼睛所不知道的事。一开始，像枕头一样软的沼泽表面看起来很均匀，但在里面走一会儿，就会感觉到沼泽复杂的结构。这里也许有多达 15 种不同的泥炭藓，每一种无论在外观上，还是从生态学上讲，都有非常细微的差别。严格来说，在沼泽里行走算不上是"走"，更像是深一脚浅一脚地踉踉跄跄挪动。脚在泥巴里小心地触探着每一个点，在决定迈步之前充分探察落脚点能否承受身体的重量，免得我们加入"沼泽人"的行列，变成历史的工艺品。

锅穴沼泽的周围，植被呈同心圆状一圈一圈地绕生，从沼泽的水面边缘，到古老的北美落叶松挺立的高高的小丘，越往外，植被的年纪越大。这种同心圆模式是时间的杰作，也是泥炭藓不懈努力的成果——它用自己的力量改变着环境。就在泥塘边上，在沼泽最年轻的部分，是某些泥炭藓种类唯一的生活环境，它们几乎被淹没在强酸性的水里。它们看似形成了一个结实的垫子，但其实只是假象：它们漂浮在那里，边缘摇晃着，一只牛蛙的重量就能把这个垫子压下去。

如果小心退后，离开岸边，垫子会更厚更密实，一层又一层苔藓不断堆积。在夏天的阳光下，你会感觉脚底下像是踩了一块温暖的海绵。陷得再深一点，脚趾间便缠绕着喜沼泽环境的灌木没在水里的根，它们在泥炭藓的垫子下面匍匐而行，就像软软的床垫下绷紧的弹簧。身后的开阔区域，就是泥炭藓的栖居之所。有几种泥炭藓只生活在沼泽的这个区域，这里通常不被淹没，所以酸性没有那么强。由于灌木的根会不断向泥塘中央延伸，这些泥炭藓也会跟着生长，最终占领中央区域，用一张泥炭藓的织毯彻底盖住水面。

植被同心圆的下一圈是小丘地带。这里就没那么有弹性了，因为在这个沼泽年龄比较大的部分，泥炭沉积的深度比之前大得多。在这里，挪动脚步更加艰难，不仅要冒着陷进去的风险，还要应付凹凸不平的地形。沼泽表面既有植被茂密的小丘，又有一踩就掉进去的很软的地方，软硬间隔分布。走到这里，你可能会想，要是穿着鞋子就好了。水下的泥炭藓垫子与死掉的灌木枝条交缠在一起，藏在柔软的表层苔藓之下，随时准备发动攻击，击退来访的人类，而败下阵来的人类只好去打破伤风疫苗。泥炭藓和灌木奋力生长，都想夺得优势地位，它们之间的相互作用形成了一个个小丘。就像我们踩在沼泽里的双脚一样，灌木受迫于自身重量而沉入泥炭藓层。灌木周围的泥炭藓也会有一部分跑到靠下的枝条上，并且不断从下面吸水，这让灌木更重，又往下沉一点，掩埋了那些长在下面的枝条。这个过程不断重复——灌木向上生长，泥炭藓把灌木往下压。最终，一个混合着灌木和苔藓的圆锥形小丘形成了，它冒出沼泽表面，高可达 18 英寸。灌木大多会死掉，但它们的植株残骸会保留下来，永远地埋葬在小丘中。

在苔藓的微小尺度上，沼泽中的小丘为这里的生物提供了一系列微气候条件，类似一座高山随着海拔变化而产生的垂直生态分区。小丘底部没在沼泽中，完全浸在酸性环境里，而小丘顶部凸出水面，完全沾不到水。泥炭藓的特性使得水可以在毛细作用下输送到小丘的顶部。但不管怎样，小丘顶部相对来说比较干燥，酸性也比较低。同样不出意料，在小丘的不同区域，分布着不同种类的泥炭藓，把小丘装扮成一个层次丰富的苔藓蛋糕。从谷底到顶峰，沿着小丘的斜坡，每一种苔藓都各自适应特定的微气候。这些小小的微气候带，以及那些适应每

　　　　　　　　　　　　　苔藓森林

一种微气候的泥炭藓，共同造就了沼泽丰富的生物多样性。

夏天把手放在小丘顶部，会感到小丘顶上温暖又干燥。把手伸进小丘里往下探，就会感到凉爽湿润，越往深处就越凉。你甚至可以一直把胳膊伸进去，穿透小丘，摸到下面的泥炭。那里更加凉爽，可能比小丘表面的温度低上 10℃，因为干燥苔藓中密不透风的空间形成了绝佳的隔热层。低温也会减缓分解的速度。从前，生活在遍布沼泽的针叶林地区的人们，会把寒冷的泥炭层用作冰箱，储藏他们打到的猎物。我在读大学时，凯奇教授曾以沼泽的这种特性捉弄我们这些学生。当时我们正在进行一项沼泽野外调查，天气酷热难耐，我们还要猛力地拍打斑虻。它们把我们的身体当成不冷不热、正合胃口的食堂。凯奇教授镇定自若地冲着一个小丘走过去，把手伸进去，掏出了一瓶"冰镇"啤酒，那是他上次来这片沼泽的时候存下的。这堂课可真是太难忘了。

小丘顶部常常干燥到泥炭藓无法生存，于是其他苔藓就会占领这里。这些高高的小丘为树木提供了唯一可能落脚的地方，它们只有在这里扎根，才可能让树根位于泥炭层之上。小丘上能看到北美落叶松和云杉的幼苗。有几棵幼苗真的长起来了，开始形成一片稀疏的沼泽树林。在这些树苗脚下，生活着另一种泥炭藓，在它们下面很深的地方才是泥炭，而且是很坚实的泥炭。

通过这些厚实的泥炭，古生态学家能够读出大地的历史。他们将一根闪亮的长筒插入沼泽，穿透层层未分解的植物残骸，取出一根泥炭柱。通过分析泥炭柱中的植物组成、藏身其中的花粉粒和有机物的化学成分，古生态学家可以了解大地的变化。数千年间的植被变化和气候变化都记录在泥炭柱中。未来的科学家会在泥炭柱中代表着我们这个时代的那一层——那最表层的逐渐消散的时光里——发现些什么呢？我们要对此担负责任。

我喜欢听沼泽的声音，听蜻蜓的翅膀像纸张摩擦一样沙沙作响，听一只绿青蛙唱出班卓琴的弦音，听在微风中摇动的莎草时不时噬噬吟唱。炎热的夏日身处这里，如果不出一点动静，就会听到目前我所知道的可以被听到的最轻微的声音——泥炭藓的孢蒴"啵"地裂开的声音。很难想象只有1毫米长的孢蒴居然能发出可以被我们听到的声音。孢蒴立在苔藓顶端，短短的蒴柄举着小小的蒴壶，阳光的炙烤让孢蒴内的气压不断增大，直到顶部的蒴盖被掀开，弹射出孢子，就像一把玩具枪射出子弹。保持安静，仔细倾听，我觉得自己仿佛听到了水鼓的声音。

不稳固的沼泽于我而言就像水鼓的化身：泥炭藓的软垫覆盖整个水面，由一只冰川雕凿而成的花岗石碗盛着。泥炭藓是活着的连接沼泽两岸的薄膜，为土地和天空创造了一个相会的边界，并拥抱着在它之下的水。我正安静地站在一面地球之鼓的鼓面上，漂浮的泥炭藓托起我的双脚，回应着最微小的运动，在我飘荡的身体下荡开涟漪。我以古老的方式跳起了舞：落下脚跟，抬起脚尖，踩着缓慢的节拍，脚步的每一下律动都在沼泽中荡漾开来，激起的涟漪扩散出去又反弹回来，应和着我的舞步。

　　　　　　　　　　　　　　　　苔藓森林

我的双脚在这鼓面上敲击，整个沼泽都律动起来。

　　水下柔软的泥炭也回应着我的脚步，和着拍子收缩又弹起。它也在舞蹈着，在我脚下深处跃动，把它的能量传到沼泽表面。在泥炭藓上跳舞，在泥炭的表面轻快摇荡，我感到一种力量感，一种与某个曾经出现过的东西联系在一起的力量感，沼泽深处那些充满记忆的泥炭托举着我。我双脚的鼓点唤起了来自最古老时光的最深处泥炭的回应。搏动的韵律持续不断地唤醒那些古老的先民，我跳着舞，听到了他们遥远的歌谣，那是存放草药的棚屋里水鼓的高歌，是他们在蔚蓝大湖的岸边扬筛野生稻谷时哼唱的歌谣，歌声里还夹杂着潜鸟的鸣唱。然后，就像从满载记忆的深处泥炭中升出一缕水汽，告别的歌声响起，人们哭泣着离开了自己挚爱的家园，在刺刀的逼迫下走上"死亡之路"（Trail of Death）[1]，被赶到荒凉干旱的俄克拉何马州（Oklahoma），一个听不到潜鸟鸣唱的地方。从泥炭深处往上，穿过泥炭，穿过时间，她们的声音响起——圣玛丽教堂的修女们在教红皮肤孩子[2]学习她们伪善的教义。

　　舞蹈吧，通过脚下的泥炭，传递我要发出的讯息。我能感受到来自遥远时光深处的应答：轰隆隆的火车摇撼大地，驶向东部。我的祖父那时才9岁，就坐在这列火车上。他要被送去

1　指1838年波塔瓦托米人，也就是作者的血统所属的印第安人，被逐出家园的历史事件。行程中很多人死在了路上，是美国印第安纳州历史上规模最大的印第安人迁移。
2　红皮肤孩子（the red children）指北美原住民孩童，最初白人看到印第安人用红色颜料装饰自己而称其为"Red Indians"，在印第安人看来，这是带有侮辱性的称呼。

卡莱尔印第安人学校（Carlisle Indian School）[1]，在那里，人们手舞足蹈地高喊着同一个口号："杀死他心中的印第安人以拯救他。"漆黑的泥炭，漆黑的时代，水鼓在那片漆黑中无法发出它的声音。记忆就像泥炭一样，连接早已故去的逝者和仍然活着的人。精神就像水一样，从下面吸上来，一点一点从水源丰富的深处吸到焦渴的表面，而我的祖父就在这个表面，在寄宿学校的营舍里，靠着吸上来的精神勉强支撑。他们没能杀死印第安人。因为今天，我依然在舞蹈，在一个拥有蔚蓝大湖和潜鸟的乡村，在一面泥炭水鼓上舞蹈。舞蹈吧，我的双脚传递着我存在的讯息，振动的波纹通过泥炭荡漾开去；随后他们也用记忆的波纹，传回他们存在的讯息。我们都还在这里。就像沼泽表面的泥炭藓，在黑沉沉的终年积聚的泥炭之上沐浴阳光，绿意盎然。个体生命瞬忽即逝，聚集起来却可以生生不息。我们都还在这里。

也许那只红色运动鞋已经足以宣示我的存在了，再不需要别的什么了。我致敬祖先，并沿着他们的路继续前行，为我的子子孙孙铺就道路。我们彼此深深牵系。当我们聚在一起，踩着先辈的足印舞蹈时，我们对这种联结心怀敬畏。当我们开始为后代照管脚下的土地，我们就在像泥炭藓一样生活了。

---

1 卡莱尔印第安人学校位于美国东部的宾夕法尼亚州，致力于切断印第安孩童与原住民文化的连接。

苔藓森林

15

壶藓的画像

喷气式飞机的气流在平流层拉成一条线，就像一条泥乎乎的河。这河从一处河岸冲刷而过，到另一处河岸沉淀，让各处的沉积物变得基本一样。气流中还裹挟着依靠风力传播的种子和孢子，甚至还有流浪的蜘蛛做伴。每一块大陆上都笼罩着同样的大气浮游生物，数量巨大，令人惊叹。但惊叹的不是地球上竟然有如此丰富的物种，而是承接这些物种的地方环境各异。但不管怎样，每一个漫游的孢子都能通过自己的方式找到安家的路。

这遍布全球的孢子云在每一片土地上播撒着生命的希望，所到之处，苔藓就可能萌发。我前一天在纽约州北部街道上看到的一种苔藓，第二天早上又在加拉加斯（Caracas，委内瑞拉的首都）人行道的裂缝里碰到了它。也是这种苔藓，在南极洲偏远之地的煤渣砖里扎根，把砖撑出裂缝。对这种苔藓来说，一个地方是否邻近赤道并不重要，而是只要有化学性质适宜的硬化路面，就有它们的家。

一个能让某种苔藓安家的地方，常常要具备更苛刻的条件。

有的苔藓必须水栖，有的则是陆生。附生苔藓只会在生长在树枝上，而且有的只在糖槭上生长，有的甚至只在糖槭腐烂的树洞里生长，而且还只挑在石灰岩地带生长的糖槭。苔藓中既有无处不在的全能手，在任何一块土壤上都能生长；也有专门型选手，它们只喜欢高草草原上被囊鼠刨出来的泥土。有的岩栖苔藓能在花岗岩上生存，有的只在石灰岩上生长，而缺齿藓（*Mielichhoferia*）则只在含铜的岩石上生长。

　　但没有任何一种苔藓对生境的挑剔能比得过壶藓。在那些常有苔藓出现的地方，永远都看不到它的身影，你只能在沼泽地带找到它。而且，它既不在那些堆积起泥炭小丘的平凡的泥炭藓中间，也不在深水塘的边缘。大壶藓（*S. ampullaceum*）在沼泽中的生境有且只有一处，那就是鹿的粪便，而且是白尾鹿粪便——在 7 月的泥炭上晾了 4 周的白尾鹿粪便。

　　我特意寻找壶藓的时候，从来没有找到过。在我给学生上的苔藓课开课前的一段时间，我会去位于阿迪朗达克腹地的一片沼泽，希望能找到一小片壶藓，好在课堂上展示给学生看。我曾经在那里遇到过壶藓，但都是在寻找别的东西时偶然发现的。我在淤泥中咯吱咯吱地走，脚下的沼泽伴随脚步起伏释放出令人眩晕的含硫气体。我在泥炭表面搜寻，看到零星几棵茅膏菜、某些稀有种类的猪笼草和瓶子草，还有挂在沼泽月桂枝条上的蜘蛛网。我找到了很多鹿粪，还有很多郊狼的粪便，但这些整齐的棕色小粪球堆上什么也

壶藓的叶

没有。

　　尽管所有种类的壶藓都非常稀有，一片沼泽中通常还是会有多达三种壶藓在此栖息。大壶藓生活在白尾鹿的粪便上。如果灰狼或者郊狼循着鹿的气味走进沼泽，它们的粪便将被另一种壶藓占领：黄壶藓（*S. luteum*）。食肉动物的粪便散发出来的化学物质与食草动物的截然不同，在其上生长的也会是完全不同的壶藓种类。如果一头驼鹿大步走过沼泽，留下的排泄物会促进氮素循环，但它的粪便对任何种类的壶藓都毫无用处。驼鹿的粪便自有其忠实的追随者。

　　壶藓所属的科还包含其他几种苔藓，它们很喜欢动物留下的含氮物质。在腐殖土上能找到并齿藓（*Tetraplodon*）和小壶藓（*Tayloria*），但这两种苔藓主要还是生活在动物遗骸上，比如骨头、猫头鹰吐出来的食丸。我曾经在一片松树下看到一个马鹿头骨，下颌骨上长满了并齿藓。

　　壶藓不太可能等各种外部条件齐备以后才栖居于这个世界。成熟的蔓越橘吸引母鹿来到沼泽。她站在那里吃着红色的小果子，耳朵保持警惕，颇为自若地面对可能遭到郊狼袭击的风险。她停留了一阵，排泄的粪便不断散发气味。她的蹄印在泥炭沼泽里留下凹痕，水充满凹痕，在她的身后形成了一串小水塘。粪便中的氨和丁酸气味飘散到空气中，向其他物种发出了邀请信号。甲虫和蜜蜂对这种信号毫无察觉，继续忙着自己的活计。但整个沼泽上四处漫游的苍蝇都停了下来，它们的触角因感知到这一邀请而颤动起来。苍蝇聚集到新鲜的粪便上，舔食那些小粪球表面正在结晶的含盐液体。受精的雌蝇把产卵管探入粪便中，在温暖的粪便内部产下亮晶晶的白色蝇卵。它们的刚毛会在粪便上留下这一天早些时候的觅食踪迹，脚印上粘有壶藓的孢子，孢子因而得以一路散播。

孢子很快便在湿润的粪便上萌发，一个个小粪球被壶藓绿色的丝线（原丝体）网了起来。速度是头等大事。壶藓生长的速度必须超过粪便衰败的速度，否则那个可以落脚的家园就要消失了。粪便中的营养物质加速了壶藓的生长，只要几周的时间，粪便就完完全全被一片壶藓覆盖了。和所有别的植物一样，苔藓也要面对一个选择：是把能量用在生长上还是繁殖上？如果投资到茎和叶的长期生长上，将来会收获很多红利，苔藓植株就可以挤走周围的竞争者，获得在这个区域的统治权。但是，把有限的能量用于生长，繁殖这件事就要延后了。在稳定的生存环境中，这种策略很有效，因为将来还有很多机会繁殖，生境一般会比苔藓自己存在得更长久。而在一段时间后就会消失的生境中，植株要把能量投资在机动性上才最有利。如果被卡在一块即将消失的生境上，它必然会在此处走向灭绝。苔藓植株必须迅速制造出一批靠风力传播的孢子，在原来的栖息地衰败之前，把

壶藓

孢子散播到新的栖息地。壶藓就是这样一种善于逃逸的物种，它们迅速占领一堆粪便，然后在这堆粪便消失前逃到下一堆上。

壶藓不断发展壮大，离开的紧迫性越来越强。在生长速度大多慢得像蜗牛一样的苔藓中，壶藓的速度快得惊人，孢子体似乎是一夜之间就生长起来。装满孢子的孢蒴迅速萌发，从叶间伸出来，每一个孢蒴都被一根不断伸长的蒴柄擎到高处。没有任何别的苔藓会上演这样一场花哨的、肆无忌惮的繁殖秀。这些孢蒴呈现出非苔藓色调的粉色和黄色，在叶之上像高塔一样矗立，随着微风摇荡。孢蒴不断膨胀，直到爆开，散出一片黏糊糊的彩色孢子。一般普通的苔藓依靠风力传播后代，风是自然就会来的，不需要额外破费来吸引它。但由于壶藓只能在粪便上生长，任何别的地方都不行，所以壶藓没法把散播孢子这件事全权托付给风。孢子必须同时拥有旅行工具和预订好的特定目的地门票，才能成功逃离。在沼泽区域满眼单调的绿色中，苍蝇会被壶藓棉花糖一样的色彩吸引，误以为那是花朵。它们在苔藓中搜寻并不存在的花蜜，身上粘满了黏糊糊的孢子。当风中飘来新鲜鹿粪的味道，苍蝇就会循着味道找到鹿粪，把粘满壶藓孢子的印迹留在冒着热气的粪便上。于是，在一些挂满露珠的清晨，当我在沼泽中摘蓝莓的时候，一小丛壶藓就会不请自来地出现在我的脚边。

16

匿名雇主

信上没有写回信地址。一位不知姓名的男士向我提出了一个我无法拒绝的请求。这封信写在厚实的白纸上，请求我"作为一个苔藓植物学家，提供专业服务，担任一个生态系统恢复项目的顾问"。听起来相当不错。

这个项目的目标是"在当地一个园子里，完完全全地复制阿巴拉契亚山脉（Appalachians）的植物组成"。雇主"保证此项目真实可信，并希望苔藓能够被纳入这个生态恢复项目"。不只如此，他还要求我"给出指导意见，以保证在这个景观中，各种苔藓及其所栖息的各类岩石能够正确匹配"。如果我接受这个回报优厚的邀请，那么这些便将是我要完成的任务。这封信没有个人签名，只写了园子的名字。我又把信读了一遍——这个项目实在太棒了，都不像是真的。对生态恢复感兴趣的人本来就少，更不用说苔藓的生态恢复。当时我的研究兴趣之一就是弄清楚苔藓是怎样在光秃秃的岩石上安家的。这个邀请似乎专为我这个兴趣而来。我感到热情满满，而且作为一个刚刚就职的教授，我必须承认，看到自己的专业有这么棒的应用前景，还能因此而获得顾问费，我真是受宠若惊。信中透露出这个项目的紧急程度，所以我做了计划，准备尽可能快地完成任务。

我在路边停下车，打开旁边副驾上的那份行程指南。指南的要求极其精确，我也努力按要求去做。我天不亮就开车出发了，前往那个美妙的山谷，山谷里的东蓝鸲掠过蜿蜒的道路，飞入不可思议的仿佛已是六月的绿色草地。一道古老的石墙沿路而砌，隔着车窗，我就已经赞叹不已：历经漫长的岁月，石墙上满是毛茸茸的苔藓。美国南方地区的人们把这道石墙称为"奴隶之栅"，以纪念那些亲手搬起一块块石头把墙垒起的人们。生长了一个世纪的青藓把石头的棱角变得柔软，关于过去的记忆也变柔软了。行程指南让我循着石墙一直往前，一直走到上着锁链的栅栏跟前。"左转开进大门。大门会在上午10点打开。"时间分毫不差，我刚开到门前，巨大的门就缓缓向两边滑开，仿佛听命于某位不愿现身的指挥官。在这个山谷看到如此戒备严密的安保措施还挺让人吃惊的，这里更像是会有马车行驶的地方，而不是装着电子眼的地方。

我开始往陡峭的山坡上开，轮胎轧过碎石，嘎吱作响。我有四分钟时间上坡。在路的拐弯处，在早晨蓝色天空的映衬下，我看到尘土高高扬起。这团尘土正在前面往山上爬，速度相当之慢，我知道我要迟到了。车继续吃力地爬坡，在路的之字形拐弯处，我瞥见了自己正在跟随的那个东西。我的大脑拒绝那个画面。树，是不会动的。但一眨眼它又出现了——是树木在春天那种光秃秃的枝条在动，它在山坡上冒出头来，正往山上走。我现在能看清楚了，那是一棵栎树，装在一辆平板货车上。这并不是一棵标准大小的树苗，那种树苗的根部土球会用粗麻布包得整整齐齐。而眼前这棵完全不是，这是一棵祖父级别的老栎树。在我们家肯塔基的农场上有一棵这样的老栎树，那是一棵巨大的大果栎，枝条低垂伸展，遮出一片房子大小的阴凉，要两个人才能环抱树干。这种身量的树是不可能被移动的。然而，就在我眼前，那棵老栎树被绑在卡车上，就像一头马戏团的大象站在一辆游行花车上。它根部的土球直径有 20 英尺，被钢绳缚在卡车上。我注视着这一切，直到我的车超过卡车。卡车停到了路边，蒸汽从引擎盖下往外冒着。

道路尽头停满了施工车辆，所有车的引擎都在轰鸣。被挖开的土地周围，是很多仓库和没有门的车库。我把车停在一排满是尘土的吉普车旁边，四下看了看，寻找接应我的人。这里有几十个人在忙碌，节奏近乎狂热，让我联想到遭到扰动的蚁冢。卡车装好车就迅速开走。大多数工人身材矮小，皮肤黝黑。他们穿着蓝色连身裤，用西班牙语呼喊着对方。一个穿着红色衬衫、戴着白色安全帽的男人站在外围，双臂抱在胸前，表明他正在等我，而且我迟到了。

草草地互相认识了下。他看着手表，批评我说，雇主非常仔细地监控着占用顾问的时间。时间就是金钱。他拿起别在腰带上的无线电对讲机，告知某位高层我已经到达。我转而被交给一个年轻人，他刚从仓库的一间办公室里过来，很腼腆地笑着，友好地跟我握手，好像在为刚才那个人有些粗鲁的迎接方

苔藓森林

式表示抱歉。他似乎也急切地想要护送我离开工地中央。这个年轻人叫马特（Matt），刚从学校毕业，取得了园艺学学位证书。这是他在这个园子工作的第二年，正是他请求雇主邀请一位苔藓专家作为顾问加入这个项目，来帮助自己完成这项必须完成又有些难以应付的苔藓恢复任务。马特知道在整个园子的设计中，雇主格外重视这部分工作。显然，雇主特别偏爱苔藓，所以给马特施加的压力很大。他的目标是让园中栽培的植物体现植物学层面的准确性，并通过在整个景观中引入苔藓，让人看不出园子是新建的。马特大步在前，我跟在后面，沿着一条新灌注的贯穿建筑工地的步道往前走。他想先让我看看苔藓园。我们可以穿过房子抄近道到那里，因为主人刚好不在家。

这栋全新的房子看起来像是一座老庄园，周围环绕着被直接种进裸地里的巨树，有北美鹅掌楸、七叶树，还有一棵枝条虬曲的悬铃木。每一棵树都用牵索锚定，树冠中穿插着黑色的管子。我在路上遇到的那棵老栎树已经抵达，即将被种进一个豁然敞开的大坑。这棵栎树会刚好站在一组铅条玻璃的落地窗前。"我没想到你们竟能买来这么大的树。"我说。"确实买不到，"马特回答，"我们必须先买下它们生长的那块地，再把它们挖出来。我们有这世界上最大的挖树铲。"我的脸上写满震惊，他看着我，又看向别处，不好意思地把目光移到自己的手上，然后恢复了他的专业风度。"这棵老栎树来自肯塔基。"他介绍说，那棵树用化学物质处理过，以减少移栽的冲击，还在它的树冠上安装了一个滴灌系统。滴灌系统有一个计时器，使系统定时运行，喷洒营养物质和激素，刺激根部生长。园子里有一个树木栽培专家团队，所以至今园子里还没有一棵树死掉。房子周围的整个树林都是移栽而来，这些树被巨大的挖树铲从原来的土地中挖出来，装到卡车上，运到这里重新组建一个生态系统。

马特刷卡解锁了安保系统，我们走进这座装有空调的光线稍暗的房子。侧门进去的走道堪称一个非洲艺术画廊。墙上陈列着许多雕刻的面具和带有几何图案的织物。一面牛皮鼓和一支长长的木笛立在石头基座上，我不由得停下来仔细观看。"这些都是真的乐器，"马特很自豪地跟我说，"他是一位收藏家。"马特安静地站在一边，等我慢慢观赏，任由我的惊奇来衬托园主不凡的身份。每一件物品都贴着标签，上面写着它来自哪个村庄，还有制作它的艺术家的名字。眼前的陈列让人印象深刻。走到房子中庭，正中央有一处被小心保护起来的地方，聚光灯打在一顶精致的假发上。假发上的蜜蜂和蝴蝶是用光洁的象牙雕刻而成，设计繁复精细。它被安放在一个天鹅绒基座上，显得很不相称，让我心里一震，觉得这更像是一件失窃的宝物，而不是一件艺术品。要是这顶假发戴在艺术家妻子又黑又亮的头发上，该有多美啊！而且也更加真实。当一件东西被作为展品陈列，它就仿佛变成了自己的一个高仿品，就像挂在画廊墙壁上的那面鼓一样。一面鼓，只有在人类的手触到木制鼓身和兽皮鼓面时，才会变得真实。

接着我们穿过一个圆顶房间，里面容纳了一个游泳池。这

192　　　　　　　　　　　　　　　　　　　　苔藓森林

个房间再次让我头晕目眩。四周装饰着手工绘制的瓷砖，还有茂盛的热带植被，中间是游泳池。大理石地面微微闪着光，泳池里的水汩汩作响，仿佛在引人前来。我觉得自己好像来到了某个电影片场。躺椅随意地摆放在泳池周围，厚厚的浴巾叠好放在躺椅上，以备客人取用。小桌子上摆放着高脚杯，颜色和浴巾一模一样，都是红宝石色。"这个周末雇主会在这儿。"马特朝着这些摆设挥挥手说。终于，我们来到了厨房，我被招待喝了口水，用一次性纸杯装着的。

匐灯藓[1]

---

1 原文为 *Mnium cuspidatum*，是匐灯藓（*Plagiomnium cuspidatum*）的异名。

房子中央的庭院，是马特的第一个工作重点。他往自己亲手创造的茂盛绿植中走了几步，来到高一点的地方。热带植物的每一种姿态都在那里了：鹤望兰、兰花、树蕨。石头铺成的小道完全被提灯藓的绿毯盖了起来，这羽毛一般密密排列的绿色，就像日本园林中布满苔藓的绿地一样，被打理得整整齐齐，让人叹为观止。他一直为苔藓的存活问题烦恼不已，经常去树林里挖回更多苔藓，来保持这里的苔藓毯面始终如一。我们由此谈到水中的化学物质和土壤的状况，一边聊着，他一边在本子上潦草地做笔记。我终于感到自己有用了。我建议马特选择适宜在这个园子里生长的苔藓种类，这样苔藓也许能自然而然地繁衍生息。我也警告他关于野外采集的道德问题。那些树不应当用来构筑他园子里的苗圃。他的园子只有实现自我可持续，才能成功。园子中央立着一块雕凿过的岩石，比我们俩都高，上面覆盖着的苔藓很漂亮。每一丛精心挑选的苔藓都在衬托这块巨石不规则的形态。岩石上的一处侵蚀凹陷中，巧妙地填充了一小圈真藓。如此精湛的工艺可以与我们此前在画廊里看到的任何一件艺术品匹敌，可是，这种方式是完全错误的，这样的汇集只是对自然的幻想。棉藓无法在那样的裂缝中生长，砂藓也不会与牛舌藓共享一片领地，尽管它们的颜色搭配在一起非常漂亮。我很奇怪这美丽而又完全人造的作品怎么能达到雇主对真实性的要求。活生生的苔藓被简化成艺术材料，被滥用了。"你是怎么让这些苔藓长成这个样子的？"我问。"这种姿态真的非常——不正常。"我委婉地说。马特笑了，像个用小伎

　　　　　　　　　　　　　　　　　　　苔藓森林

俩瞒过老师的孩子。"是强力胶水。"他答道。

建造苔藓园是一项要求很高的工程，他们眼下的进展令我很是吃惊。所有那些卡车和工人都忙忙碌碌，投入到这个生态系统恢复项目中，但问题是，所谓的生态系统到底在哪儿？这趟行程的最后，我们走到房子外面，周围没有任何本土植物的园圃，只有一个尚未建好的高尔夫球场。裸露的地面上腾起一阵旋风，裹着沙尘打转。球车道路由大块石板铺成，静候草皮的到来。这些石板来源于巨大的云母片岩，是当地原生的基岩，美丽无比，在春天的阳光下像金子一样闪闪发亮。高尔夫球场里还开凿了一个排水池，边上立着一堵墙，最近他们刚从墙上挖下来一些石头，把墙变成了梯级台阶的样子。

马特带我来到墙顶俯瞰周围的情况。推土机又是挖地又是推土，好把这块土地改造成打高尔夫的场地。马特解释说，雇主不喜欢看到排水池周围有干巴巴的石头，那样会让排水池看起来像被炸过一样。而事实上，它显然也真的被炸过。雇主要求我给出在这堵墙上种植苔藓的建议，他想让苔藓盖住石头表面。"这是高尔夫球场的背景墙，雇主想让这面墙看起来是存在了好多年的感觉，"马特说，"就像一个古老的英式球场。苔藓可以让墙显得古旧，所以我们得种苔藓。"如果用强力胶水，那可真是一项浩荡的工程。

只有少数几种苔藓能在酸性的粗糙岩石表面生长，而且没有任何一种能真正长得繁茂。这些苔藓大多会结成一层又硬又脆、颜色发黑的壳，好适应墙面的严酷环境，存活下来，然而它们并不会被注意到，打高尔夫的人大概连看都不会看一眼。苔藓发黑的颜色是因为花青素在起作用，阳光直射时，花青素可以保护植株不被紫外线灼伤。这是那些在背阴处生长的苔藓同类不会遇到的灾难。我向马特解释，苔藓的生长非常依赖水的补给，眼前这堵光秃秃的石墙显然不可能提供水源。没有水，苔藓就算生长几百年，也只能长成一片黑色硬壳。"哦，这不是问题，"马特回应道，"我们可以安装喷雾系统。我们还可以在墙上造一个人工水帘，只要有用，都能办得到。"很明显，钱有的是，根本不在话下。但是这些石头需要的并不是钱，而是时间。而"时间就是金钱"这个等式倒过来是行不通的。

我尽量在每一次给出解释时都表现得很专业。即便有了供水系统，雇主预想的绿色幕毯也需要数代苔藓繁衍生息才能形成。其实，生长本身并不是问题的关键。苔藓生长过程中最重要的一步是形成一个居群。关于这一点，我已经花费了大量精力来研究，研究苔藓是如何在一块岩石上栖居下来的。我们一直对"怎样"有着比较充分的了解，但对"为什么"却知之甚少。那些随风飘散、比粉末还细小的孢子，只有遇到适宜的微气候才能萌发。粗糙的岩石对苔藓是极不友好的。这些岩石的表面必须先得到风和水的垂青，然后，依靠能在粗糙岩石上生长的地衣所分泌的酸性物质，慢慢被蚀刻。这时，孢子才能形成娇嫩的原丝体，牢牢地贴附在岩石上。如果原丝体成功存活，就会萌发小小的芽，然后长成有叶的植株。通过一次又一次实验，我们发现单独一颗孢子变成一棵苔藓植株的可能性几乎为

苔藓森林

零。但是在适宜的条件下，给苔藓足够长的时间，它们就能让一块岩石裹上绿毯，就像那道古老的奴隶之栅。所以，在岩石上创造出一片苔藓居群绝非小事，而是一项不可思议的奇迹，我想不出怎样才能复制这样的奇迹。我当然非常乐意做一个成功解决问题的顾问，但我也不得不告诉对方这个坏消息：眼前这件事根本不可能实现。

我们每到一处地方，马特都会拿起无线电对讲机报告位置。我很好奇有没有人真的在意我们在哪儿。我们开始往回走，一直走到房子那里，装着巨石的卡车正在卸车。"他们会在这里建造露台，"马特说，"雇主希望在所有这些石头上也种上苔藓。整个露台都会有遮阴，你觉得我们在这儿种能行吗？再装一个喷雾系统？"马特仍然坚持他的主张。就连巨大的栎树都可以移栽，为什么苔藓不可以？难道不能直接把苔藓移栽到这些岩石上吗？既然我们可以提供适宜的遮阴，保持供水，控制温度，那苔藓不就能够生存了吗？和之前的情况一样，我能给出的答案仍然是雇主不想听到的。

或许你会认为，苔藓没有复杂的根部结构，把苔藓迁移到一个新家是非常简单的。但苔藓不像我家里的植物，拥有长年为它们准备的温床，我可以像安置家具一样在花园里把它们移来移去。有几种土栖苔藓可以像草皮一样被运输到别处，比如金发藓；但亲岩石的苔藓格外地抗拒被驯化，即便给予最为细心的照料，把它们从一块岩石迁到另一块岩石上也不大可能成功。也许是因为移动它们的过程扯伤了几乎看不见的假根，或者压碎了一些无法修复的细胞。又或者是我们做研究时复制的苔藓生境样本中，缺少了某种关键的组分。我们不确定到底是因为什么。只是在这样的迁移中，它们几乎总是会死亡。我在想，这也许是因为苔藓想家了。苔藓与它们栖居的地方有着强烈的联系，现在恐怕没有几个人能懂得这种情感。它们生在哪里，就定要让哪里变得繁茂。而它们的生命来自一代代前行者，那些以往的地衣和苔藓让脚下的岩石变成了一个家。在孢子最初择地而栖时，它们认定了一个地方，就扎根此处。迁移，从未书写在它们的生命里。

"那就直接从孢子开始种？"马特问。他看起来满心期待。这是他毕业后的第一份工作——受雇于一个要求很高的老板，要完成一项几乎不可能完成的任务。面对马特的殷切期待，我感到自己只好被迫让步：或许我可以如他所愿，运用我的专业所学来帮助他。

要在岩石上"种出"一片苔藓，还没有什么好的科学方法可参考，但在园艺师圈子里流传着一种"苔藓生长奇术"。我想，这倒是值得一试。园艺爱好者长期以来都在寻找加速苔藓在石墙上成长的办法，他们想诱导光秃秃的岩石覆上一层苔藓绿，呈现古老的感觉。我听说过一种做法是不断用酸性物质泼墙。这样，酸就会溶解岩石表面，制造出很多细小的空隙，苔藓便可以在这些空隙中落脚。在某种意义上，这种方法模拟了地衣酸的作用，慢慢腐蚀着岩石表面。还有一些园艺师笃信另一种做法：把马粪浆涂抹在石墙上。一开始有些臭，但苔藓似乎很快就会萌发。最常见的办法要卫生得多，那就是制作"苔藓奶昔"，配方是这样的：首先从森林里类似的岩石上采集自己喜欢的苔藓种类，记得要确保这些苔藓的生长环境与自家花园的生境条件相同——相同类型的岩石，相同的光照和湿度——别想图方便敷衍了事，苔藓会知道其中的差别；然后把苔藓放进搅拌机，倒进一夸脱脱脂牛奶，打开开关，直到搅拌出绿色泡沫；最后，把搅拌后的混合物涂到岩石上，据说在一两年内就能生长出一片茂盛的苔藓。类似的配

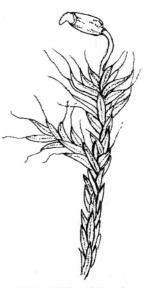

紫萼藓的植株，这是一种常见的栖居于岩石的苔藓

方还有很多很多，有的会用酸奶、蛋清，有的用啤酒酵母，或者是其他家中常备的材料。理论上讲，"苔藓奶昔"的做法是可行的。苔藓确实可以通过茎叶碎片完成自我复制。在适宜的条件下，一块碎片就能伸展成原丝体，把自己锚定在新的基质上，由此小小的植株便可以开始生长。苔藓在自然中也会以这种方式繁衍壮大，所以或许搅拌机是可以助力苔藓的繁殖进程的。很多苔藓偏爱酸性的生境，而脱脂牛奶大概就提供了这样的环境，至少在第一场雨来临前可以保持酸性条件。

　　见马特一副抓住最后一根救命稻草的样子，我便答应把"苔藓奶昔"的配方整理给他，不过我也提醒他，想要迅速种出

苔藓，无论用什么样的技术，我都没什么信心。

我们在准备建露台的地方闲逛，边走边聊。路旁有一个点缀着石头的花坛，里面都是春天盛开的本地野花。有延龄草、垂铃草，还有一丛全是叶子的植物，我认出那是杓兰，每一种都是保护植物。这难道是他们做这个生态恢复项目的初衷？把这些花围成一个花坛？我问马特这些花是从哪儿来的，他脸上的表情说着"不关你的事"。于是我更加确定，他们是从一个种植本地花卉的花圃买来的。而且也确实看得出，每一种花都明显带有花圃培育的特征。马特强调说，没有任何一棵是从野外采来的。

一整天，马特都努力保持着自己的专业性，讲话很谨慎。但慢慢地，他天生的平和态度和开放心态就藏不住了。他让我想起我的学生们，他们都非常渴望走到外面的世界，成就一番事业。现在的这个职位是马特的第一个工作机会，而且好得简直让他不敢相信。工作内容富有创造性，而且报酬很好，他先前能想到的一个新人的最高报酬也不及这份薪水。他在这里待到一年左右的时候，对这里做事的方式有过一些困惑，也想过要不要结束这份工作，踏上新的征程。但雇主说如果他留下来，就给他升职加薪。马特刚刚买了一座不错的小房子，而且不久就要当爸爸了，所以他决定再待一阵子。

那个戴着白色安全帽的男人又出现在视线里，马特加快脚步，一副目标明确的样子，他一边大步穿过工地，一边用无线电对讲机说着什么。我跟在后面，希望自己也能表现得像一个忙碌的专业人士。"时间就是金钱",他的话在我的脑海里响起。我们沿着众多道路中的一条往前走,那些从工地伸向四面八方的路就像轮子的辐条。

一直走到看不见建筑物的地方,马特才再次回过头来,放慢脚步。"你介意抄近路走吗?"他问。随后我们离开大路,走进树林,才走了几步,春天树木的气息就彻底驱散了柴油的气味。在树木的掩蔽下,马特明显放松下来。他露出一个使坏的表情,关掉对讲机,咧嘴笑了。头上的帽子被他塞进了裤子后袋。我们忽然就像是逃学去钓鱼的孩子。"不是太远,"他说,"我想让你看看这里本地的苔藓是什么样子的。也许你会知道它们是否适合种到那个露台上。我想试试那个'奶昔'种植的办法。"他领着我穿过栎树林。很多地方都散布着岩石,我不时停下来观察岩石上的苔藓。马特有点不耐烦:"我们不用花时间看这些,好东西还在前面呢。"他是对的。

在岩石嶙峋的山脊上,脚下的路猛地倾斜下去,下面是遮在阴影里的峡谷。我们手脚并用地爬过岩脊,每一个动作都小心翼翼,尽量不弄坏岩石上的苔藓毯。阿巴拉契亚山脉的基岩曾在长期的地质压力下发生褶皱和扭曲,然后又在冰川作用下重新排列,结果成就了一件内部结构断裂的雕塑,有着不可思议的错综角度,宛如一幅立体主义苔藓风景画。每一块岩石表面都被时间蚀刻出裂隙,就像老人脸上的皱纹。木灵藓(*Orthotrichum*)逐裂隙而居,留下黑色的踪迹,而浓密的青藓则在湿润的岩脊上铺展。我想我在这里看到了马特的灵感来源,他在花园里使用强力胶水的创意大概就源于此。眼前是一匹非常漂亮的、让人不禁屏住呼吸的古老苔藓织锦。马特如数家珍地向我介绍巨石上每一个角落和裂缝中的苔藓，语气里满是骄傲。我怀疑他曾经"逃学"来过这里不止一次。"这正是雇主想要在露台上呈现的效果，"他说，"我带他来过一次，他立刻就爱上了这样的景象。现在我只需要找到在他家里复原这景象的方法。"不知怎的，我开始觉得，我此前还没有很好地跟他讲清楚这个问题。于是我再次和他讲起时间与苔藓的关系。在这些岩层上的苔藓毯可能已经生长了数百年。假如真的有可能完全复制这里的微气候，那么通过制作"苔藓奶昔"来种下相同种类的苔藓也许还有一线机会。但是，即便如此，可能也要花上很多年的时间。马特把我说的都记了下来。

我们返回大路，看看时间，我们约定的咨询时间已经结束了。马特悄悄跟我说，雇主极其节省，尤其是雇用外面的人，一定要严格遵守约好的时间。工人们正陆续登上卡车，准备前往大门口。下午5点钟，大门准时关闭。临走前，站在停车场的车子旁，马特向我转告了雇主的要求，他希望在三天内收到一份报告。自始至终，没有任何一个人提过雇主的姓名，所以走之前我必须问一个问题。"雇主是谁？这个项目是谁的主意？"他没看我的眼睛就快速而熟练地回答了我："我无权透露。他是一个非常富有的人。"我差不多也是这么推断的。

我一边开车往大门方向走，一边四下看，这一整天我都没看到任何一个属于生态系统恢复项目的特征，我想再找找。但我能看到的仍然只有那座大房子和那个高尔夫球场。果真是好得让人不敢相信是真的。我终于弄懂了信中为什么不署名，那个隐身的有权势的男人把所有这些资源汇集到一起，要造出一个园子。这到底是一个小心谨慎的慈善家做好事不留名，还是一个臭名昭著的人物故意隐藏身份呢？

车子即将驶出大门，前方已经通过无线电接收到离开的信号，当我即将驶离雇主这一大片资产时，大门开了，然后又在我身后缓缓合上。

回到办公室，我写了一份毫无恶意的简短报告。我尝试说服这位雇主，他想要做的这件事几乎不可能实现。花光这个世界上所有的钱财，也没法让苔藓在光秃秃的岩石上迅速生长起来。那就是要花时间的事。我把那天我们看到的所有种类的苔藓做成一个表格，同时附上它们对环境的要求，还有为一个苔藓园选择合适种类的参考意见。我建议他们如果真的想要在岩石上种苔藓，就应该考虑同时资助一个与之配合的研究项目；一个态度端正的学者一定会这样建议的。当然我也在报告中写了用粪肥和"苔藓奶昔"种植的方法，说不定能行呢。

几周后，我收到了支票。我对这次工作说不上十分满意。这个号称是植被恢复教育项目的工程现在看起来非常可疑，更像是一个喜爱苔藓、控制欲强的富豪为了美化自己的新家而逃避纳税的幌子。也许真的有生态恢复的成分——那些卡车里的男人正奔向那里的工地，一些不错的工作正在进行——只不过，我从来没看到过。

所以，一年后接到马特的电话时我很惊讶。他问我能不能再去一趟帮帮忙。他说他们取得了很多进展，他迫不及待地想要带我看看那个园子。我到那里的时候，却到处不见马特本人。一个活泼的年轻女孩护送我走到里面，她被委派带我参观园子。我问起马特，她说他已经被安排去负责另一个项目了，可能是杜鹃园。她迅速带我去到房子那边。"雇主希望你能看看他们在露台上培育的苔藓。我们上个月刚刚做完。"

这里发生了怎样的大变身啊。这个地方仅仅在 12 个月里就拥有了一个世纪的沧桑。来自肯塔基的老栎树看起来像是最初就生长在这里，曾经的建筑碎石上也已经铺好了绿茵茵的草地。去年春天立在那里的光秃秃的石头堆现在容光焕发，上面完美复制了阿巴拉契亚山脊上的本地植物。火焰杜鹃花弯曲的枝干在黑色的岩石上投下淡淡的阴影；刚松种在故意杂乱堆砌的岩石中间，就像从岩石裂缝深处长出来的一样。小路两旁是一丛丛欧洲蕨和香杨梅，小路一直通向摆着花园椅子的地方，那些椅子的模样久经风霜。这一切确实看起来已有不少年头。更让我震惊的是，每一块岩石上都装饰着苔藓，非常可爱的毛茸茸的苔藓毯，而且正是合适的种类。青藓盖在岩石顶部，虎尾藓（*Hedwigia*）长在侧边，木灵藓巧妙地顺着石头上的蚀刻岩脊生长，就像古旧羊皮纸上的黑色书法。太令人惊叹了。每一个细节都堪称完美。这些苔藓才两周大。如果眼前这些成果源自"苔藓奶昔"法，也许我该好好思考下这种方法的价值了。

　　　　　　　　　　　　　　苔藓森林

招待我的人没什么兴趣听我的赞美之词，她有明确的时间安排，急着带我去看房子另一侧的露台。这是一个漂亮开阔的地方，用石板在移栽的树木下铺成。"雇主想知道怎样摆脱那些总是从石板间长出来的苔藓。"她说，同时用手握着笔，等着记录我的建议。我没有答案。所有这些工作都是为了让苔藓在某个地方生长，可现在，在它们自发生长的地方，他又想要它们消失。

我们原路返回，走去最主要的施工区域，推土机在那里来来回回地忙碌着。嘈杂的无线电声音，穿着制服的工人，还有紧张的气氛，眼前的工程简直像是一场军事行动。戴着安全帽的中士开着吉普车巡逻，扛着铁锹和修剪锯的危地马拉步兵被装在敞篷卡车里运往工地，而这一切都在雇主的指挥下进行。

我也被匆匆忙忙地请上一辆吉普车，我们在一条粗糙的新路上颠簸着前进，这条路就像一道很深的伤口，切入栎树林中。一位司机被指派为我服务，但至于我们到底要去哪里，他什么也没透露。我猜可能是去见马特。司机冲着他的对讲机吼了几句，报告我们即将抵达目的地。这条临时道路的尽头是一小块空地，那里停着一辆亮黄色的起重机，一些木板条托盘堆放在太阳底下。在周边的阴影中，有很多神秘物体，裹着粗麻布，绑着捆绳，就像等待拆封的雕像。一群身强体壮的男人聚在树林里，他们微微探身，安全帽凑到一处，正讨论着什么。其中一位走上前来，热情地做自我介绍，他叫彼得（Peter），一位专业的天然岩石设计师。他见到我特别开心，因为他们在推进到下一步之前，需要我的建议。他来自爱尔兰，说话带着一种活泼轻快的调子。雇主为了天然岩石的事特意把他请到美国。他很担心他们会把苔藓弄得一团糟，所以问我要不要过去看一下。我们走到那群男人聚集的地方，他们花了点时间打量我这个新来的"苔藓女士"。

这些男士是精确爆破队的成员。他们来自意大利，是一支训练有素的石工队。面前立着的是他们正在仔细查看的对象：一块凹凸崎岖的岩石，露出地表的部分覆盖着厚厚的苔藓。我立刻就认出，这里正是去年马特带我来过的那个美丽的小峡谷。现在这个峡谷有一半已经消失了，这支队伍可真是相当努力。岩石设计师彼得会选出悬崖上最美丽的部分——有石英脉游走于岩层中，而且表面生长的苔藓错落有致，非常漂亮。然后，石工们会认真计算精确爆破的位置，把岩石从悬崖上炸下来。接下来是对技术要求没那么高的工作，工人用起重机吊起石头，放到木板条托盘上；石头外面裹着湿润的粗麻布，以保护那些珍贵的苔藓。此时我忽然明白过来，之前露台上那些美丽的岩石，其实和"苔藓奶昔"没有任何关系。我感到自己的手变得又湿又凉。

他们要问的问题太多了。是不是该用粗麻布把岩石包起来再爆破？彼得的选择是对的吗？他选的那些特别的苔藓能经得住一路颠簸吗？那些保护苔藓的粗麻布要裹多久？我能不能同彼得协作，告诉他们每一块岩石到底该移到哪一个地方才最有利于苔藓的生长？那些苔藓似乎一被置入园子的景观中就失去

苔藓森林

了活力，雇主对此很是失望。获取每一块岩石的成本都非常高昂，他不想浪费任何一块。工人们以为我也是被雇来做这件事的，是他们队伍里的新成员。我看向每一个工人，想看看有没有不同的声音，然而我只看到他们脸上迫切的表情，所有人一门心思地想要把这份工作完成。我有些呆住了，我不知怎的被困在了这儿，成了雇主雇来的一把枪。我做梦也没想过我的专业所长会被用来做这样的事，没想过我这个顾问会在无意间变成破坏者的帮凶。

这些工人极其细心地呵护"偷来"的苔藓，也极其真诚地为苔藓着想。他们给苔藓浇水，又小心翼翼地用粗麻布包起来，准备搬运。我提供的能保护苔藓的做法，他们一样不落地照做了。然而那些苔藓一旦离开了家园，就仿佛得了病，颜色由翠绿变成了枯黄。雇主可不想浪费钱去搬运一些身上的苔藓会死掉的石头。于是工人们开辟了一处分拣区，用来照料那些有可能存活下来的候选苔藓，使其恢复健康，同时筛除那些会死掉的苔藓。这个分拣区是一顶很大的白色帐篷，搭在通往大房子的路边草坪上，看上去就像为伤员而建的战地医院。帐篷侧面的遮光屏垂下，以保持篷内湿度。水雾喷头正在喷水。什么办法都用上了，在装备上一点儿也不吝啬。木板条托盘上，躺着一块块被炸得伤痕累累的岩石，它们身上的苔藓也奄奄一息。

我的任务是诊断病症，开出药方。哪些苔藓能被安全搬运到大房子那里，哪些应该丢弃？我联想到那些受人委托在岸边接待运奴船的医生。他们会检查关着奴隶的货舱，挑选出最健康的奴隶用来买卖，这些奴隶是最有可能在移居后的新环境里生存下来的。两种结果相权，孰优孰劣？是被售卖被奴役，还是被丢下等死？我在那些病态的石头之间慢慢走着，感觉自己像它们一样无所凭依、虚弱无力。我真想冲那些人大喊："不要继续了！"可已经太晚了。而且我是这场罪行的共犯。我想不起我之前说过什么了，但愿我说的话都是在挽救这一切吧。

我想见见那位雇主，和他当面对质，表达我的反对，但他始终在幕后。这个人到底是何方神圣？是谁，在摧毁一片生机勃勃的长满苔藓的天然岩石景观，只为装饰自家的园子，以满足自己对历史沧桑感的幻想？是谁，用钱买来时间，又用钱雇了我？是那位神秘雇主。没有一个人能说出他的名字，这隐匿于姓名背后的权势到底是怎样的？

我努力去设想拥有一样东西意味着什么，尤其是拥有一个自然的、鲜活的生命是什么感觉。一手掌控那个生命的命运？随心所欲地处置它？垄断它的使用权？所有权似乎是一种人类独创的权力，是一种为满足人类盲目占有和掌控欲望的社会契约。

为了满足荣耀感而摧毁一种自然之物似乎是一种展现强权的行为。荒野是无法被收集的，因其始终蛮荒而成为它自己。在荒野被剥离它原来处所的那一刻，荒野的本性就消失了。正是想要占有的行为，让一个生命变成了毫无生气的物体，而不再是它自己。

炸掉一处悬崖以窃取苔藓形同犯罪，然而这并不违反法律，因为窃取者"拥有"那些岩石。那不如换种说法，把这种行为

　　　　　　　　　　　　　　　苔藓森林

称为破坏公物。然而，也是这位窃取者，特意引进专家团队，非常体贴地包裹那些覆有苔藓的岩石。雇主是一个喜爱苔藓的人。同时，他也是一个热衷权力操控的人。只要苔藓服帖地融入他的景观设计，他一定会认认真真地保护苔藓免受伤害，对此我毫不怀疑。但我认为拥有与热爱不能同时发生。拥有，会消解一样东西的天赋主权，让占有者更富足，却使被占有者遭到削减。如果那位雇主真的爱苔藓，且他的热爱超过了掌控欲，那么他就不会打扰那些苔藓，只是每天走去看看它们。芭芭拉·金索沃（Barbara Kingsolver）写道："我们要准备好付出最无私的爱，做正确的事，才能呵护我们的珍爱之物，并保护它能够在我们的占有欲之外茂盛生长。"

我很好奇雇主在观赏他的园子时，眼里看到的是什么。也许他眼里没有任何活生生的生命，只有一件件了无生气的艺术品，就像他的画廊中沉默的鼓一样。我猜测他并没有看到苔藓真正的闪光点，他最想要的是真实可信，其他的都没那么重要。他要让自家门阶上出现真实的苔藓群落，这样来访的客人或许就会在登门时称赞他的品位，为此，他愿意支付巨额钱财。然而，一旦占有苔藓，苔藓的真实性就消失了。苔藓不是自己选择去陪伴他的，而是被束缚在他身边。

工人们散去，只剩我一个人还留在人员集结区。我是那个头脑保持冷静，不参与团队作业的队员。我疲倦地走向我的车子，这时我看到了马特，他正在登上他的皮卡。他还是非常友好，跟我说他被派到另一个工程上了。他说他不用再管苔藓了，脸上的表情坚定而阳光。不过，他知道我的兴趣所在，所以想最后再带我看一个地方。这会儿已经不是雇主规定的工作时间了，他正要回家。于是我们一起坐上他那辆破旧的皮卡，马特关掉了一天里不停响着各种指令的无线电对讲机。我们聊起他的小宝宝，是个女孩，还聊了杜鹃园，但没有聊那个露台上的园子。他载我穿过树林，来到雇主这片资产的最边缘，一旁就是被监控的道路。边界上立着电网围栏，四条电线上下排列；围栏向外倾斜，挡住鹿和其他可能越过边界的入侵者。围栏下面所有能看得见的地方都喷洒了"农达"除草剂（主要成分是草甘膦），杀死了所有植被。在十英尺宽的区域内，所有蕨类、野花、灌木和乔木都被消灭殆尽，只有苔藓活了下来。对化学药剂免疫的苔藓占据了这里，一块块居群彼此勾连，疯长成一片茂盛的绒毯，绒毯上是深深浅浅成百上千种绿色。这片距离雇主的房子一英里远，生长在电网下、沐浴在农药雨中的地带，才是雇主真正的苔藓园。

苔藓森林

17

森林向苔藓致谢

站在马里斯峰（Marys Peak）[1] 的山巅，耳边只有风声，山下的景色尽收眼底。那是一片挣扎求生的土地，向西绵延 70 英里，一直延伸到波光粼粼的太平洋，但被割裂成许多碎片。一块块红土地、青绿色的缓山坡、明亮的黄绿色多边形，还有形状捉摸不定的墨绿色丝带，这些碎片极不和谐地镶嵌在一起。俄勒冈海岸山脉（Oregon Coast Range）看上去像是一片片皆伐林[2]组成的拼布，第二代和第三代的花旗松正在迅猛生长。镶嵌画般的景观中零散分布着几块残存的原生林，这些古老的森林曾经从威拉米特河谷一直延伸到海边。此刻我眼前的风景已不再是一床图案规整的被子，而是一堆残破的碎布。看来我们并没有想好，要让森林变成什么样子。

北美西北部的针叶林以水源丰富而闻名。俄勒冈西部的温带雨林每年的降雨量高达 120 英寸。温和多雨的冬季使得树木

---

1 马里斯峰是俄勒冈海岸山脉的最高峰，海拔约 1249 米。

2 皆伐林（clear-cut）是指在一年内或一个采伐季节里林木会被全部伐掉的林地。

全年都能生长，也惠及与树木相伴而生的苔藓。温带雨林中的每一处表面，都覆盖着苔藓。树桩和倒木，还有整个森林地面上，都疯狂生长着纠缠簇拥的拟垂枝藓（*Rhytidiadelphus*）和一丛丛半透明的匐灯藓，满眼绿意。树干上覆着羽毛一样的树羽藓，看上去就像一只巨大的绿鹦鹉的胸脯。藤槭丛上生长着很多平藓（*Neckera*）和猫尾藓（*Isothecium*），沉甸甸的苔藓帘幕压弯了树丛，垂下来有两英尺长。我无法控制自己的心跳，比起刚走进树林的时候，我的心跳明显加快了。或许在苔藓呼出的空气中有什么令人兴奋的物质，这些物质在穿过苔藓亮闪闪的叶时又发生了什么转化。

生活在这些森林中的原住民，还有世界上各个地方的原住民，世世代代虔诚祈祷以表达感恩，他们向造福世界的鱼儿和树木、太阳和雨水致意。每一个与我们的生命交织的生命，都被命名和感谢。我早上向大自然说谢谢的时候，会静静地聆听一会儿，等待它的回答。我常常会想，我们脚下的土地是否还会向人类回应它的感激，它还有什么理由这样做呢？如果森林会祈祷，那么我猜它们只会感谢苔藓。

这些森林中的苔藓之美，绝不仅仅是视觉上的。它们是森林功能不可或缺的一部分。苔藓在温带雨林的湿润环境中茂盛生长，同时也在为创造这种湿润环境发挥重要作用。当雨水抵达树冠层，它落到地面的路径有千万条。真正直接落到森林地面上的雨水只有很少的一部分。我曾在一场瓢泼大雨中待在一片森林里，结果身上依然干爽，好像我撑了一把伞似的。雨水

被树叶拦截，然后滑向嫩
枝。在枝干交接处，两滴雨
水汇合，接着再遇到更多水
滴，在树枝的交叉点上汇集
成细小的溪流。这些溪流就
像一条树上河流的支流，都
流向主河道，沿着树干奔流
而下。护林员把顺着树流下

平藓（*Neckera pennata*）

的雨水称作茎流（stemflow），把从树枝和叶子上滴落的雨水称
为透冠雨（throughfall）。

我喜欢摘下雨衣的兜帽，站在一棵树近旁，观看大暴雨中
树上奔流的雨水。最初的小水滴一下就渗进了树皮，就像雨水
消失在干渴的土壤中，干燥疏松的表层很容易吸收水分。然后，
雨水从树皮上的沟壑满溢出来，离开原来的"河道"，直到覆
没整个树皮表面。水越过树皮上的棱，形成了一座座微型的尼
亚加拉瀑布，一些地衣和手足无措的螨虫被洪流席卷而去。来
自上面的雨水流过柔嫩的细枝和众多枝杈，带走了不少沉积物，
灰尘、昆虫粪便、微小的碎屑，都卷入其中，在水里不断溶解。
于是，茎流中的营养物质比刚开始的雨水丰富很多。雨水就像
给树洗了个澡，而且把洗澡水直接运送给正盼着喝水的树根。
雨水冲洗树干再流进土壤，实现了营养物质的循环，保证树木
始终能享有宝贵的营养供应，还避免了森林地面营养物质的流
失。为此，土壤感谢苔藓。

一丛丛苔藓好似柔软的沙袋，挡在雨水汇成的河流当中，减缓了雨水流下树干的速度。水流过苔藓的时候，大多数雨水被苔藓的毛细空间吸收了。水先是停在苔藓锥形的叶尖上，然后被导入细小的排水管，运送到每一片叶基部的凹池。即便是群落中死去的那部分苔藓、老叶和乱成一团的假根，也能锁住水分。俄勒冈州的苔藓贮存起来的降雨量从未被测量过，但有数据显示，在哥斯达黎加（Costa Rica）一处苔藓丰富的云雾林[1]中，每公顷森林里的苔藓在单次降雨中就能吸收 5 万升水。很容易想到，如果森林被砍伐，洪水定会紧随而至。即便一场雨已经过去好几天，长满苔藓的树干仍然饱含水分，慢慢地释放着上周的雨水。当光束穿过树冠层打在一丛苔藓上，你会看到蒸汽升起。为此，天上的云感谢苔藓。

　　每天夜里，雾气从海上涌来。在高高的树冠层，苔藓随时准备收集那些雾气，结出银光闪闪的小果子。发丝般的叶尖和纤细的枝杈邀请雾滴在上面凝结，苔藓群落错综复杂的表面变得湿润。而且苔藓的细胞壁富含果胶，让草莓变成草莓酱的，正是这种亲水化合物。果胶使苔藓能够直接从大气中吸收水蒸气。即便没有降雨，树冠层的苔藓也能收集水分，慢慢把水滴到地面，让土壤保持湿润，保证树木的生长，而树木的生长反过来也能让苔藓继续存活下去。

1　云雾林是热带雨林的一种，因林中常年弥漫雾气而得名。云雾林是在高温、充足降水、较高海拔的共同作用下形成的，暖湿水汽在爬升过程中凝结成雾，萦绕林中。

我喜欢纸，实在太喜欢了——它没有重量，却有力量；它空白一片，诱人书写。我喜欢纸张等在那里的样子，如同光滑的橡木书桌上镶着一个干净洁白的矩形。橡木的纹理就像涟漪逐着光线微微波动，这是任何石油化工副产品都无法企及的质感。我喜欢我的小木屋里的松木壁板，喜欢秋天的夜晚木头燃烧的气味。然而，尽管我热爱这些森林产品，每当看到运送原木的卡车在高速路上行驶，我都感到非常难过。尤其是下雨天，从旁边驶过的半挂卡车飞溅起污浊的水花，打在依旧附着于树干的苔藓上。就在几天前，那些原木还是林中的树，那些苔藓还饱吸着森林里的水分，而不是像现在这样，被 5 号州际高速路上轮胎卷起的混着柴油的脏水劈头盖脸地泼淋。

我不禁开始谴责自己的知行不一，就像用舌头去顶松动的牙齿。我享受的家居环境，是被真实的森林中的东西所环绕，然而我却在责骂因这样的欲望而生的皆伐林场。在俄勒冈，皆伐林是"工作的森林"，这些树木就是蓝领工作者，生产出我用的一沓沓整洁的纸张，变成我的木屋屋顶。就像俄勒冈海岸山脉碎片化景观中上演的冲突与挣扎一样，我也陷入了矛盾之中。我决定直面自己的无知，亲自去一块皆伐林看看。

一个明媚的周六早晨，我和朋友杰夫（Jeff）一起，开车前往海岸山脉的一块皆伐林。找到这样一块林地并不难。在公共通道和被砍伐的林地之间，必须留有缓冲带，联邦政府规定要让公众视野内的风景保持完好。伐木者对那些未被采伐的树木满心怨气，不过，那些薄薄的遮在外面的树墙也许对伐木业有利。它们在路边制造出整片森林毫发未伤的假象，遏止了公众可能会发出的质疑。我们转到一条新修的运送原木的路上，驶过大门和警示牌。这里不再有将人和伐木林地隔开的屏障。我们差点就要原路返回，我头晕恶心，一身冷汗。我安慰自己，恶心是因为道路崎岖不平，使人眩晕；冷汗是因为马上要看到运送原木的卡车，心里焦虑。但我知道那是因为恐惧，还有每一次转弯时眼前出现的粗暴景象。还有悲痛，来自眼前一个个树桩的悲痛，沁入我们的肌肤。

看到那个场面，谁都会想掉头离开，但我们还是应该看看，人类自己的选择带来了什么样的后果。杰夫和我系紧登山鞋鞋带，准备越过眼前的山坡。我搜寻着残余的苔藓，它们是一个地方刚开始复苏的标志，但我很难找到。目之所及，只有满是树桩的废弃土地，还有破败的植物，被暴烈的阳光烤成了锈棕色。曾经繁茂的森林地面消失了，如今地上排列着一垄垄木屑。曾经湿润的泥土味道消失了，空气里飘荡着树木残桩渗出的树脂香味。在一片皆伐林和与之毗邻的一片原始林中，不太可能会有等量的干净降雨。这里的土壤干燥得如同锯末。没有一片蓄水的森林，再多的降水也无济于事。在同等雨量的情况下，流经皆伐林场的溪流携带的水量，要比流经一片森林的溪流多得多。而且，没有生长着苔藓的森林来储水，水流会裹挟土壤而变浑浊，泥沙俱下地涌向大海，淤塞鲑鱼生存的河道。为此，河流感谢苔藓。

这片刚刚被砍伐的满目疮痍的土地，将会种上花旗松的幼苗，这是一种高效能的单一木材生产。仅仅有树木，无法形成一片森林，很多生命都要经历一段异常艰难的时光，才能在被砍伐的土地上重现生机。苔藓和地衣对森林的功能恢复至关重要，它们非常缓慢地往这片恢复中的森林里散播后代。森林科学家在努力研究促进森林生物多样性恢复的管理措施。采伐林场中必须留下一些老旧的木材，为菌根和蝾螈提供栖息地，还有死去的树木，为啄木鸟提供居所。政府还拿出了十分的诚意促进附生植物的生态恢复，森林保护政策现在明确规定，采伐时必须留下几棵老树，作为苔藓的避难所，好让它们将来在新的森林里继续生存。这是一个美好的愿景，苔藓会在存留下来的几棵老树上繁衍散播，而即将在这里种下的单一树种花旗松身上也会长出苔藓。但首先，第一批残存下来的苔藓，就像树桩之海中的一个个荒岛，必须在周围森林消失不见的情况下努力生存下来。

在远处的山坡下，我看到了一个孤单的幸存者。一条印有星条旗图案的丝带在灼热的风中飘扬。这是一个标记，告诉伐木工人这棵树是特意留下来的，以履行法律规定的义务，让森林重现生机。我小心地滑下土坡，避开零乱堆在那里的被砍下来的枝丫，朝那棵树走去。雨水已经在山坡上冲出一条深沟。我跳过深沟，落地处立刻腾起尘土。那棵幸存的树孤零零地站在那里，仿佛是地球上最后一个人。在锯子下逃过一劫并没有什么快乐可言，因为同伴们都消失了，它们正在高速路上，去往罗斯堡（Roseburg）[1]的工厂。

我本来期待在这个幸存者的脚下找到一片阴凉，可它的树枝太高了，打下的阴凉总是投射在远处的木桩间。不知道是谁标记了这棵树，仰望这棵树的树冠，看得出他经过了一番慎重考虑。这棵树所在的林子曾拥有郁郁葱葱的树顶，而它就是其中的典型代表，是一片古老森林的名片。树干和枝杈上挂着干瘪成骨架的苔藓，太阳褪掉了它们的绿色，棕色的干苔藓正在剥落。苔藓下面，露出了蕨类植物枯萎的地下茎残骸。风不断吹动一片逆毛藓（*Antitrichia*）松散的边缘，沙沙作响。我们站在那儿，一句话也说不出来。

苔藓的变水性使得很多种类的苔藓可以在脱水后恢复生机，不管脱水多久，只要有水它们就能复活。然而这里的几种苔藓，习惯了森林中美妙、稳定的湿润环境，骤然的干燥已经超出了它们的耐受极限。它们被阳光炙烤脱水，已经不可能等到这里再长出一片森林。森林保护政策的制定者们能为苔藓着想，想到未来的森林中也要有它们存在，这让我感到欣慰和鼓舞。但苔藓与整个森林的构造紧密相关，它们无法独自存在。若要苔藓在恢复后的森林中健康生长，就必须给它们创造一个能够维持其生存的庇护所。如果苔藓能够发声，我想它们会主张保留面积足够大的森林斑块，从而获得足够的荫庇来滋养整个群落。凡是有益于苔藓生长的条件，也将有益于蝾螈、水熊虫和棕林

1　罗斯堡是美国俄勒冈州西南部的一座小城，森林资源丰富，被称为"美国木材之都"。

　　　　　　　　　　　　　　　　　　　　　苔藓森林

鸫的生存。

在苔藓和环境湿度之间，存在一个正反馈循环。苔藓越多，湿度越大；湿度越大，则必然催生更多苔藓。苔藓持续不断地进行蒸发作用，在很大程度上让温带雨林得以形成它的特质，比如林间悦耳的鸟鸣，比如生活在这里的香蕉蛞蝓。如果没有饱含水分的大气，体型微小的生物很快就会变干，因为它们的表面积与体积之比极大。空气变干，它们也会随之变干。所以没有苔藓，昆虫就会更少，进而影响食物链上层的生物，棕林鸫也会更少。

昆虫在苔藓中寻找庇护，不过很少真的吃掉苔藓植株。鸟类和哺乳动物同样很少吃苔藓，除非是一些富含蛋白质的大型孢子体。苔藓几乎不会被吃掉的原因可能是它们的叶中含有高浓度的酚类化合物，或者是它们的营养价值很低，吃了也没什么用处。况且苔藓细胞壁坚硬，很难被消化。那些确实会吃苔藓的动物通常会将苔藓几乎完好无损地排出体外。一样让人意想不到的东西，表明苔藓的纤维难以消化——冬眠熊的"肛门塞"。据说，熊在冬眠前会吃下大量苔藓，这些苔藓会限制它们的消化系统，阻止它们在长长的冬眠过程中排便。

一大批昆虫是在苔藓丛中缓慢爬行以度过幼虫期的，它们隐藏起来，直到变态发育的那一刻。它们扭动着摆脱原来的皮肤，张开崭新的翅膀飞向被苔藓氤湿的空气，开启自由探险。它们觅食、交配，数天后把卵产在一块茂密苔藓的软垫上，然后飞走。这些昆虫也许会被一只隐夜鸫捕食，隐夜鸫的巢中铺着软和的苔藓，温柔地托起鸟蛋。

苔藓又软又柔韧，很多鸟儿都会用苔藓来编织自己的巢穴，鹪鹩把苔藓用在天鹅绒般柔软的杯形巢里，绿鹃也把苔藓铺在它的挂篮式巢里。鸟儿们发现苔藓最大的用处就是铺在巢底，为脆弱的鸟蛋提供缓冲和保温层。我曾经看到过一个蜂鸟的巢，边缘装饰着勾连交错的苔藓，仿佛在小小的鸟巢上飘动着藏族人用于祈祷的经幡。鸟儿感谢苔藓。不只鸟儿需要用苔藓作为筑巢的材料，松鼠、田鼠、花栗鼠，还有很多别的动物都会用苔藓铺垫自家的洞穴，就连熊也会这么做。

斑海雀是一种太平洋沿岸的海鸟，以丰富的海洋生物为食。过去数十年斑海雀的数量不断缩减，如今已经被列为濒危物种。导致斑海雀数量减少的原因尚不清楚。其他海鸟会沿着食物充足的海岸筑巢，在岩石峭壁和山体上形成群栖地。但斑海雀并不从众。它们筑巢选址极其隐蔽，从未被发现过。其实，斑海雀的巢建在老树树顶，距离它们觅食的海岸很远。每天它们会往内陆地带飞行 50 英里之远，抵达海岸山脉的原始森林。原始森林的渐次消失是斑海雀不断减少的主要原因。研究人员发现，大多数斑海雀会把蛋产在用逆毛藓（*Antitrichia curtipendula*）编织的巢里，这是太平洋西北地区特有的一种繁茂的金绿色苔藓。逆毛藓和斑海雀的生存，都离不开原始森林。

整片森林似乎都被苔藓的细线密密地缝合在一起，有时候是均匀而精致的编织，有时是带有明亮蕨绿色的引人注目的缎

　　　　　　　　　　　　　　　　　　苔藓森林

带。原始林树干和枝杈上茂盛的蕨类植物从来都不是生长在光秃秃的树皮上，而总是把根扎在苔藓丛中。蕨类植物感谢苔藓。甘草蕨的地下茎藏在苔藓下面，牢牢地抓住那里积聚的有机土。

高耸的树木和微小的苔藓之间交情甚久，自萌芽时就互相牵绊。苔藓常常为幼树提供抚育所。一颗松子如果掉在光秃秃的地上，它可能会被雨点重重地击打，或者被一只捡拾食物的蚂蚁搬走。即便生了根，也可能被炙热的阳光烤干。但如果一颗种子落在了苔藓软床上，它会发现自己被苔藓繁密的枝叶保护着，安全妥帖，而且苔藓比光秃秃的土壤保存水分的时间更长，让种子领先一步萌发。种子和苔藓之间的互动也不都是正向的，如果树的种子过小而苔藓过大，那么幼苗就很难长起来。不过通常苔藓都会帮助树更好地成长。布满苔藓的倒木常被称为"滋养木"（nurse logs）。森林里有时会看到一排呈直线分布的铁杉，它们脚下就常有滋养木的残骸，这是幼苗们留下的"遗产"，它们曾在同一根湿润的倒木上开始最初的成长。树木感谢苔藓。

水分孕育了苔藓，苔藓孕育了蛞蝓。香蕉蛞蝓绝对是太平洋西北地区雨林中的非官方吉祥物，它们在覆盖着苔藓的倒木上缓慢滑行，身上是带有斑纹的黄色，长达 6 英寸的柔软身体慢慢横穿小径，令徒步旅行的人惊讶不已。很多苔藓丛中的居民都是香蕉蛞蝓的食物，它们甚至还吃苔藓。我的一位生物学家朋友对所有小东西都很感兴趣，有一次，他在等公交车的时候采集了一些蛞蝓的粪便，带回家放到显微镜下观察。果然，蛞蝓的粪便里满是细小的苔藓碎片，这位朋友立刻高兴地打电话跟我报告这个好消息。蛞蝓吃下苔藓，作为回报也把苔藓碎片散播到更多地方。生物学家们也许会在茶余饭后聊一些令人不适的内容，还聊得兴高采烈。

早晨是香蕉蛞蝓出没最多的时候，它们在倒木上留下的黏液痕迹仍然闪闪发亮。露水消失的时候，它们似乎都忽然不见了，它们去哪儿了呢？一个下午，我在观察枯木上的植物时，发现了它们的藏身之处。剥开一根粗大倒木上厚厚的美喙藓，我好像打开了一间香蕉蛞蝓的宿舍大门。在海绵状多孔的木头里，每一只香蕉蛞蝓都享有一个单间，它们就在凉爽湿润的木头和苔藓毯之间休息。我赶紧把苔藓盖回去，以免太阳趁机光顾。蛞蝓感谢苔藓。

森林地面上的倒木不光庇护蛞蝓和小虫子，还庇护很多生物，在生态系统的营养循环中发挥着不可或缺的作用。会使木头腐烂的真菌在此寄生，而且它们必须依靠木头中源源不断的水分供给才能存活。厚厚的苔藓能为木头阻隔水分，防止木头变干，这样的生长环境让真菌菌丝体得以茂盛生长。细线一样的菌丝体是真菌的隐藏部分，是真菌进行分解作用的装备。很多种类的真菌只在厚厚的苔藓中被发现过。各种各样美丽的蘑菇就是其中的代表，不过也只是冰山一角；它们在繁殖期引人注目的伞盖就是从木头上长出来的，像一座小小的花园。真菌感谢苔藓。

有一类很特别的真菌对森林整体功能非常重要，它们也栖居在苔藓下面的土壤中。从表面看，散乱的拟垂枝藓和一蓬蓬白边藓（*Leucolepis*）覆盖着森林地面。在它们脚下的腐殖土中则生长着菌根，这是一群和树根共生的真菌。菌根（mycorrhizae）这个术语的字面含义就是真菌（myco-）和根（-rhizae）。树木为这些真菌提供居所，把光合作用产生的糖分给它们食用。作为回报，真菌伸展纤细的菌丝体，

倒木上常见的
温带灰藓（*Hypnum imponens*）植株

从土壤中汲取营养反哺树木。很多树木完全依靠这种互利互惠的关系保持生命活力。最近有研究发现，苔藓下面的菌根密度异常高。光秃秃的土地则很难形成这种伙伴关系。苔藓与菌根结成联盟，也许是因为苔藓地毯下面稳定的水分和营养储备。

　　研究地下微观生命间的相互作用当然是非常困难的，不过一个研究小组已经解开了一个错综复杂的三角关系之谜。研究者们追踪磷这种物质的踪迹，它们在森林中以极其复杂盘绕的路径流动，而这种流动始于一场降雨。透冠雨把磷从云杉的针叶上冲走，冲到下面的苔藓上，在这里磷被储藏起来，直到菌根真菌巧妙地把菌丝伸进苔藓丛中。丝线一样的菌丝和胞外酶会从死去的苔藓身上吸收磷。而正是这些在苔藓中长有菌丝的真菌，也在云杉的根部长有菌丝，这样就架起了一座联结苔藓和树木的桥梁。这张互惠之网确保磷可以无限循环，没有任何

资源被浪费。

　　苔藓借由互惠模式将一片森林的生态要素紧密联结在一起，这种模式给予我们一种崭新的视野。苔藓只拿走一点点自己需要的资源，却给森林以丰厚的回馈。河流、云朵、树木、鸟儿、藻类和蝾螈的生命因苔藓的存在而延续和兴盛，而我们人类的存在却只会让这些生命陷于危险。人类精心设计的系统与眼前正在运行的健康生态系统相去甚远，人类只索取而不回报。皆伐林也许能满足人类对某个树种的短期需求，但却牺牲了同样有正当需求的苔藓、海雀、鲑鱼和云杉的利益。我坚定地怀抱这样的愿景：不久的将来，我们能找到自我节制的勇气，拥有像苔藓那样生活的谦卑。到那一天，当我们怀着敬意向森林致谢，我们也许就能听到森林回应的声音，它也在向人类表达感谢。

18

旁观者

我把登山鞋使劲戳进山坡，调整呼吸，凝聚全身的力量迈出下一步，我要抓住上面那丛茎干往上爬。一根刺深深地扎进了我的拇指，但我不能松手，这是我唯一可以抓住的东西。鲜红的血冒出来，流到了那丛茎干上。血吸引了我的注意力，让我想到了别的事，暂时忘记了腿疼和我耳朵里自己心跳的声音。世界这么大，那些人为什么非要一路爬上这里？美洲大树莓缠结的枝叶处处浓密，我根本没法打开一条通路。我只好手脚并用地爬行，在树莓丛下面寻找通道。枝条上的刺不停地钩住我的帽子、背包，划伤我的皮肤。身上的衣服满是泥巴，变得很重，每挪一步都得费好大力气。而且那些人走过这里时留下的痕迹这会儿我已经完全找不到了。我感觉自己前路未卜，不知道该笑还是该哭。我精疲力竭，搜肠刮肚地寻找借口放弃这次搜寻，离开这里。但紧接着，我眼角的余光捕捉到一点红色，在往上坡去的一根树枝上，系着一根破布条。那一定是他们上来的路了。我打赌他们标记了一条做完事情后可以迅速离开的小路。我吸了下拇指的血继续前行，嘴里一股泥土和铁的味道。

每次往前猛冲一步，我都护住脸，以免被荆棘刺伤。

越往高处，我就被越来越浓的雾气包裹，这些雾气也遮盖着海岸山脉的一座座山峰。暗淡的光线增添了寒意，也让我更清楚地知道自己已经往上走了多远。没有任何人知道我此时身处何方，其实连我自己也不知道。谷底传来一群躁动的猎犬的吠叫，让我意识到四周不是杳无人烟。恐怕我现在已经暴露了，只能寄希望于他们不会追踪我这个入侵者。只要他们按兵不动就行，我和他们拥有同样的权利出现在这片公共土地上，只不过他们可不会在乎什么权利。那些猎狗说不定曾跟着他们一起上来过，把舌头耷拉在外面观察情况。

在这座山的边缘地带，山势忽然变得平坦，出现了一排被雾气笼罩的槭树林。我的心跳忽然慢了半拍，我想用泥乎乎的手擦擦眼睛上的汗水。美洲大树莓在这里变得稀疏，我又能看到几英尺外的地方了。我立刻知道，这就是我要找的地方。眼前的宝藏就是把他们吸引来的东西，再难走的山路也不在话下。他们发现了"主矿脉"，而且这里极其偏僻，他们几乎不可能被抓到。他们已经离开这里有一阵子了，但粗暴攫取留下的痕迹依然随处可见。

我猜想只要他们能费尽心机来到这儿，获得眼前的宝藏实在是轻而易举。这里雾气厚重，终日萦绕山间。那些人一定很快就装满了他们带来的麻袋，比他们预想的速度还要快，因为这里的宝藏没有全被掳走，他们只带走了一半。他们肯定没想到宝藏这么丰富，麻袋装得那么重，搬运起来那么费力。

　　　　　　　　　　　　　　　　　苔藓森林

溪流对岸的那片树林似乎没被那些人打扰过。那些藤槭上挂着厚厚的绿毯，看过去好像空气本身是绿色的。树上没有一处地方不被苔藓覆盖。我知道如果我走近了看会看到什么。那些令人惊叹的美丽生命，只有偏僻之地的古老树木才会拥有，它们每一个都是我的老朋友。人们不会再看到多少这样的苔藓了：叶像大羽毛一样的树羽藓，厚厚的能陷进一只手的逆毛藓，闪亮的结成绳索的平藓，以及太多太多漂亮的苔藓。一想到那些人可能根本不会停下来看一眼，我就不禁皱起眉头。相比之下，之前那些以造园艺术为名的偷盗者，至少还知道自己偷走的是什么。

　　这边的树林已经被洗劫一空，那些人就像秃鹫，把肉吃得干干净净，只留下光秃秃的骨头。我想象他们把脏手伸进苔藓的织毯中，撕下一条条足有他们手臂那么长的苔藓。想到如此野蛮的撕扯，我就不寒而栗，就像施暴者把一个女子的衣服剥得精光。他们从一棵棵大树上剥下苔藓，不放过任何一棵，然后把苔藓全都塞进粗麻袋，生长在光明中的苔藓沉入了黑暗。不得不承认他们真是相当高效的掠夺者，苔藓完完全全被剥光，只剩下暴露出来的树皮。

　　想到他们掠夺之后曾坐在这里，还惬意地抽着烟，我就义愤难平。他们把香烟盒塞在一根木头上的洞里。我想象他们打了声呼哨，叫上猎犬一起下山，身后拖着他们的"人质"。下山一定跟上山时的情形一样糟糕，树莓枝条不停地刮着那些麻袋，也没法怪他们不回头来清理"作案现场"了。今天满满一皮卡的收获已经很不错了，有买家正在山下的太平洋尊享加油站（Pacific Pride station）拿着现金等他们呢。

现在我要开始工作了，我要记录这里被破坏的情况。我觉得自己就像一个摄影师，无助地记录着一场灾难，只能被动地接受现实，无力改变结果。我们找到偷盗苔藓的人去过的地方，我们是目击毁坏现场的科研工作者。我测量每一根被剥的树枝，做好标记，并检查是否有苔藓再生的迹象。我艰难地寻找这些光秃的树枝重现绿色的希望。然而它们没有希望。也许会有随后到来的苔藓植株伸展出单薄的枝条，这里碰碰，那里探探，冒险伸向又硬又干的树皮。但要恢复原状几乎是不可能的，这不需要任何复杂的分析就能做出判断。不过，我还是如实记录下数据。没有人知道要过多长时间苔藓才会再次繁茂，也许永远都不会了。大多数苔藓就像这些树一样古老，当大树还是小树苗的时候，苔藓就已经在这里生活了。

这片树林完好无损的部分也足够我测量了，我的记录本就像那些苔藓偷盗者的麻袋一样满满当当。每一根树枝上至少有十几种苔藓，呈现出十几种深深浅浅的绿，有美喙藓、麻羽藓（*Claopodium*）、同蒴藓（*Homalothecium*）……它们是一件件艺术品，是光与水的联姻，才成就了这地球上最精致的织毯。这古老的织锦就那样被撕成碎片塞进了麻袋，而麻袋里数以亿计的生命以那些苔藓为家，就像在森林中筑巢的鸟儿。那里有亮红色的甲螨、充满活力的弹尾虫、打着转的轮虫、避世隐居的水熊虫，还有它们的子子孙孙……我是不是要在安魂弥撒曲中挨

　　　　　　　　　　　　　　　　苔藓森林

个唱出它们的名字？

所有这些毁坏，又是为了什么呢？如果我们跟着皮卡去往城市，我们会看见盗采者来到货物装卸平台，把他们的战利品挂到天平上，然后转头离开，兜里比来的时候重了些，但也没重多少。在仓库里，会有人倒出麻袋里的苔藓，清洗、晾干。"俄勒冈绿色森林苔藓"（Oregon Green Forest Moss）这种高端商品在全世界都有销售。销售商在名字里加上"俄勒冈"几个字，好让购买者在脑海里勾画出繁茂森林的景象。根据种类和品质，苔藓会被划分为不同级别的商品。低级苔藓卖给花商，用于垫花篮，或者用来装饰人造绿植景观，商品目录上的名字叫"生机盎然"（A Lifelike Look）。最健壮、最美丽的苔藓被留作特殊用途——制作"时尚苔藓毯"。工人用胶水把苔藓羽毛状的叶粘到一块作为背衬的织物上，然后喷上阻燃剂以达到公共场所防火标准。这些苔藓毯会在车展上被铺在摩托车下面，或是铺在最豪华的酒店大堂。商品出厂前的最后一步是一项获得专利的工艺：使用一种注册商标为"苔藓生命"的染料营造出逼真的绿色效果。然后，每一块苔藓"织物"被卷成一卷，等待售卖。"时尚苔藓毯"按长度售卖。网站上的广告语写道："无论在哪里，都可以享受大自然母亲的触摸。"

我在波特兰机场的大厅看到了那些苔藓，它们被用于填补塑料树下面的空白。看到它们的那一刻，我就轻轻念出了它们的名字——逆毛藓、拟垂枝藓、假平藓（Metaneckera）——但它们并不想理会我。

太平洋西北地区的雨林为苔藓创造了理想的生长条件。雨林中的树和灌木上常常垂挂着浓密的附生植物，其中就有很多种藓类、苔类和地衣，它们促进营养循环，构成食物网络，增加生物多样性，为无脊椎动物提供栖息地。每公顷森林中活着的苔藓重量估计有 1000 到 2000 公斤。有的森林中的苔藓，重量可能超过了全部树叶的重量。

从 1990 年起，繁茂生长的苔藓开始遭到商业化苔藓采集者的掳掠。他们直接剥光树枝，然后把苔藓卖给园艺商。有人估计，俄勒冈海岸山脉地区每年合法的苔藓采集量超过 23 万公斤。美国林务局规定，在国家森林划定区域中采集苔藓要经过一系列许可审批，但执行率极低。非法采集的数量是合法采集限额的 30 倍之多。额外的采集量来自其他公有或私有森林。

苔藓学家在一些样地上进行苔藓采集实验，研究目的是评估苔藓重新生长需要多长时间。我们初步研究的成果是，苔藓的恢复或许需要数十年。藤槭树枝上的苔藓被剥除后，再过四年，树枝仍然是光秃秃的，毫无苔藓回归的迹象。树枝被剥光时残留的苔藓还紧紧附着在边缘，但也只是以远不及蜗牛的速度往光秃区域伸展——四年来只长了几厘米。我们发现，成熟的光滑树皮对苔藓来说实在太顺滑，苔藓根本没有立足之处。

肯特·戴维斯（Kent Davis）和我开始观察苔藓在自然状态下是怎样作为附生植物生长的。显然它们必须有办法占领光秃秃的树皮，否则那些厚厚的苔藓毯又是怎么长起来的呢？然而我们被自己的发现震惊了。小树上的苔藓根本就不会占据光秃秃的树皮。我们观察细小的幼枝和年轻的树枝，树皮看起来光溜溜的，但其实在每一个叶、芽留下的疤痕处，还有枝干上的皮孔里，都藏着一丛小小的苔藓。仔细看一根幼枝，就会发现幼枝大部分包裹着树皮，经历的岁月不长，但也留下了痕迹。一个凸起的残迹？标记了上一年曾经着生叶子的地方，这个被称为叶痕的地方有点软木塞的质感，刚好能够捕获一两颗孢子。幼枝上还会有一连串紧密排列的棱，这些地方曾经生长着芽，这些粗糙不平之处似乎也为苔藓提供了落脚的地方。一根年轻的树枝就这样一点点积攒身上的苔藓，一小丛一小丛地招揽，一个叶痕一个叶痕地收集。我们观察到，随着树枝年岁的增长，苔藓丛的规模也会增大。等树龄更大，就会有不同种类的苔藓来此附生——不是直接在树皮上扎根，而是在之前的苔藓上生长。成熟树木身上厚厚的苔藓毯，是从树的幼枝时期就开始成长的。我们发现在粗糙的幼枝上发展起一片苔藓要容易得多，而在老树枝上，苔藓几乎不可能生长。枝干只要上了年纪，叶痕就越来越少、越来越稀疏，吸引苔藓前来的可能性也就越小。我们由此可以推断，那些压弯了树枝的苔藓毯很可能与它们所栖居的树木一样古老。

那些苔藓采集者在某种意义上正在移除"原始苔藓"，它们自我更新的速度无法赶上被移除的速度。这显然是不可持续的收割。失去那些苔藓的后果，我们无法预见。苔藓被剥走以后，它们所关联的生态网络也随之消失。鸟儿、河流和蝾螈都会想念它们。

这个春天我在纽约州北部当地的苗圃里买了一些多年生植物，这里与俄勒冈布满苔藓的森林相距甚远。苗圃里的陈列品一如往常地吸引人，比如日晷和漂亮的陶土花盆。我们在花店中闲逛，女儿忽然抓住我的胳膊，带着一种不好的预感说："看。"只见沿着墙边摆着一排精心制作的野生动物模型：真实大小的驯鹿、绿色的泰迪熊、优雅的天鹅。每一只动物都是用金属丝做骨架，填充着俄勒冈苔藓的尸骸。不能再做一个旁观者了。

19

把稻草纺成金线

我安上窗帘的那年，它就消失了。我知道安窗帘就是个错误，可是既然制造出了窗帘，拥有了窗帘，我就很奇怪地觉得一定得把它们挂起来，尽管它们会在风里缠作一团，在暴风雨中把自己湿淋淋地甩在窗玻璃上。这就是财产对人的专制。窗户向屋内摆动，大大的八窗格水波纹玻璃饱经风雨，成块脱落下来。不管白天还是晚上，我几乎从来不关这扇窗。从这扇窗户会飘进来连绵不断的湖水声，还有北美乔松的气息，它的松脂在阳光下散发出香味。为什么会有人在荒野中挂窗帘呢？为了在一个漆黑的夜晚把星光拒之窗外吗？为了躲避那上千颗星星的凝视吗？

我家里装满了各种东西，这个精心装饰的小窝里有大量书籍和音乐，柔和的灯光，舒服的椅子，还有说出来都脸红的三台电脑和一台洗碗机。每个春天我都会走出这个满满当当的家，锁好门，开车出去，离开我精心打理的花园，这个时候花园里的翠雀正含苞待放。我尽可能轻装上阵，能不带的东西一律不带。每年我都要完成这样一次迁徙，离开上纽约州连绵起伏的农场，去往阿迪朗达克山区尚未被破坏的森林。车子不断往北边行驶，也渐渐远离了我这个教授舒服的家居生活。

生物研究站是位于克兰伯里湖东岸尽头的一个偏僻站点，要到达那里只能乘小船驶过七英里宽的湖面。六月初，穿越这个湖非常困难，毕竟就在六周前，湖面还结着冰。雨水和湖面的波浪联手和我们作对，钻进我的雨衣袖口，让湿冷的感觉蔓延全身。我转身看看我的两个小姑娘，她们紧挨着挤在船尾，脑袋缩在雨披里，就像一红一蓝两只小龟。风几乎要把我的眼镜刮走，雨水又打在眼镜上，眼前模糊一片，我努力让小船跟上波浪起伏的节奏。只要船头撞上一个急浪，我们就会全身湿透。冰凉的湖水无孔不入，从我雨衣领口的缝隙钻进来，一直流过胸部。我们拥有的东西都在这条小船上了，我们需要的东西都在对面的湖岸上。

我们到达码头的时候，天已经黑沉沉。我们穿过滴水的树林，去往那间小木屋。木屋里黑洞洞的，全凭木屋上映着的铁一般灰暗的湖光，才看得见位置。到了木屋，我们摸黑脱掉湿衣服，我摸索着找到装着火柴的咖啡罐。我在生火的地方蹲下来，孩子们裹着毯子，紧紧挨在我身后。她们的湿袜子在地板上留下了一个个湿脚印。火柴燃起的第一抹硫的火光仿佛照亮了整个屋子，火苗先是蓝色的，碰到桦木皮后变成了金色。对我来说，加拿大黄桦的树皮燃烧的气味就是安全的气息。我深吸了一口气，放松下来，紧张的情绪离开了疲惫的肩膀，就像雨水从屋顶滑落。远处的家中很温暖，装满了各种可爱的东西，

　　　　　　　　　　　　　　苔藓森林

可是比起那里，在这个遥远的湖岸，在这个大雨天的夜晚，看着火光在没有任何装饰的墙壁上舞蹈，令我更加感到满足。这里已经有了我需要的全部，珍贵又简单：屋外下着的雨，屋内生起的火。还有热汤。仅此而已。其他都是不必要的奢侈品，尤其是窗帘。

我带来的东西，一个夏天比一个夏天少。东西很少的时候，两个女孩就可以各自带上一个玩具，还有一个装着蜡笔、纸张之类东西的雨天盒子[1]。不过这些东西通常会原封不动地带回家。一整个夏天根本不够孩子们玩耍，她们有那么多的石头要爬，有那么多的堡垒要建。蜡笔被遗忘在盒子里的时候，鹅卵石和松果建成的一个个小村庄正在松树下铺展开来。她们把冠蓝鸦的羽毛插在辫子上，尽情地享受夏天，就像大口吃自家做的水蜜桃冰激凌那样畅快。每天晚饭后，我就放下研究苔藓的工作，和孩子们一起去湖边，手脚并用地在岩石间攀爬。长长的一天过去，湖面上的太阳余晖洒向我们所在的岸边，金色的阳光就像蜂蜜一样浓稠。我们爬上岩石，尽量躲避湖水涌起的浪，但还是会把脚弄湿。两个小女孩专心研究浮木碎片和贻贝的壳，她们的脸在落日里特别明亮，闪着金色的光。就是在这个时候，我看到了它，那最为奇异的生命。

20世纪即将过去的时候，这里燃起的大火为我们留下了湖

---

1 雨天盒子（rainy-day box）是为孩子准备的室内活动用品箱，以备下雨天或者不宜室外活动的天气使用。

滨的纸桦,这些桦树林扎根于冰川砂层,树皮白亮,枝繁叶茂。最后的冰川给我们留下了一片散落着花岗岩巨石的湖岸。杂乱的巨石创造了一个个观赏落日的地方,还筑起了一道阻挡风浪的坚实屏障。不过岩石间有一些缺口,水浪会乘着暴风雨冲进缺口,渐渐冲蚀湖岸的沙子,雕凿出一个个小小的洞穴。我们把头探进洞穴,拨开挂在洞口黏黏的蜘蛛网。洞穴的空间刚好够小孩子蹲伏在里面,大人就被拒之门外了。我们只能看看。我躺在被湖水冲刷过的鹅卵石上,头伸进岩洞里,看着上方的一片昏暗。我闻到凉爽湿润的气息,就像旧地窖的脏地板散发的味道。水浪的声音在岩洞里变小了,安静的夜色里,我两个女儿兴奋的呼吸似乎变得很大声。

洞顶是黑漆漆的弧形,沙子被桦树的根系紧紧缚住。洞穴后部向上延伸,消失在阴影中。什么东西微微照亮了洞穴深处,有点吓人地移动着,那是外面湖水的光影在洞壁上摇晃。然后,又有什么东西在我眼角一闪,绿色的光影。那个光影转瞬即逝,就像火光中短尾猫的眼睛。

我把手伸向那处绿色的微光,指尖触到湿湿的东西,好像一层冷汗。我赶紧缩回手,心里有点期待手指也会发出微微的光。就像有一次,在一个夏天的晚上,我拧紧梅森罐的时候不小心把一只萤火虫卡在了螺纹盖子上。但是手指上什么也没有出现。似乎是我碰到的土壤自己会发光。我再转过头,光时有时无,就像蜂鸟喉部的虹彩,一下闪闪发亮,一下又沉入黑暗。

光藓(*Schistostega pennata*)又被称为"哥布林的金子"

苔藓森林

（Goblins' Gold）[1]，与别的苔藓都不一样。它是极简主义的典范，手段简单，成效斐然。光藓简单到你可能根本认不出来它是一种苔藓。外面湖岸上那些特征更为明显的苔藓，会努力伸展枝条，晒到太阳。只有获得大量太阳能，苔藓才能长出微小却健壮的茎叶，并保持

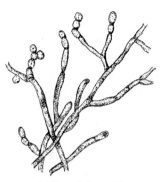

光藓细丝状的原丝体

旺盛的生长状态。如果用太阳能货币来衡量，它们是非常昂贵的。有的苔藓需要充足的光照才能存活，有的苔藓更喜欢云层中间透出来的散光，而只有光藓生活在极其微弱的一丝光明中。在湖岸洞穴里，光线被减到最少，只有湖面反射的水光照进来。洞里的光线强度只有外面的千分之一。

　　洞穴中的阳光稀少，光藓无法得到足够的能量去形成复杂的结构。在这样简陋的环境里，叶对光藓来说称得上是一件奢侈品。于是在本应该生长茎叶的地方，"哥布林的金子"把自己简化为一层薄薄透明的绿色细丝——原丝体。闪烁的光藓完全由这些细丝构成，这些几乎看不见的细丝在湿润的土壤表面纵横交织。光藓在黑暗中微微发亮，或者更确切地说，光藓在那些几乎见不到太阳的地方闪烁着。

1　哥布林（Goblin）是西方传说中一种相貌丑陋、贪婪狡诈的矮小怪物，尤其喜欢闪闪发亮的东西。

每一条细丝都是由一个个细胞串联而成的，它们就像一条线上闪闪发亮的珠子。每一个细胞的细胞壁都是有斜度的，使内部形成一个个切面，好像一颗精雕细琢的钻石。正是这些切面使光藓一闪一闪的，好像远处城市里隐约可见的灯光。这些美丽的带角度的细胞壁可以捕获每一丝光线，把光折射到细胞内部，在那里一个大大的叶绿体正等着收集每一束光。叶绿体内满是精密复杂的叶绿素和膜，它们共同把光能转化为电子流。这是光合作用的电能转化，把阳光变成糖分，把稻草纺成金线[1]。

　　就在这阴影里的角落，在这绿色生命似乎根本不可能生长的地方，光藓拥有了自己生长所需的全部条件：屋外下着的雨，屋内生起的火。这簇生命的冷光和我木屋里的火光完全不同，但我却感觉自己和它很亲近。它向这个世界索取极少，但依然发出光亮作为回报。一直以来我都受益于良师的陪伴，光藓也位列其中。

　　我的小女儿正冲着悬挂在她面前的树根吹气，如同故事里的哥布林，蹲在黑暗里守护着金子。洞穴外面，太阳落得更低了。一条很宽的橘色光带铺展开，越过整个湖面向我们所在的方向延伸。太阳现在和地平线只有一两度的夹角了，它的边缘几乎碰到了对岸的小山丘，还在继续下沉。差不多到时间了。

1　出自《格林童话》中的经典故事《侏儒怪》，故事中的侏儒怪拥有神奇的能力，可以把稻草纺成金线。

　　　　　　　　　　　　　　　　　　　　苔藓森林

我们都屏住呼吸等着最后的光爬上洞穴的内壁。终于，太阳落得足够低，光触到了湖岸的洞口。忽然间，太阳光刺破了洞穴中的黑暗，就像夏至日黎明时分有一束光从缝隙里照进一座印加神庙。精准把握时机就是光藓全部的秘密。就在那短短的几分钟里，就在地球带着我们转入黑夜前的那个停顿里，洞穴里溢满了光。此前仿佛不存在的光藓在那一刻尽情喷发，每一处都在闪耀着光芒，就像圣诞节撒落在地毯上的绿色亮片。原丝体的每一个细胞都折射着光，把光能转化为糖分，用来维持接下来黑暗之中的生命活动。没过几分钟，阳光消失了。光藓所需要的一切，都取自白天将尽之时，即太阳对准洞口的短暂时刻。落日的余晖慢慢沉入夜色，我们爬回岸上，走回小木屋。

　　天气晴好的夏日傍晚是最适宜的机会。光藓抓住时机繁殖，以拦截更多夏天的光。整个原丝体上都排列着小芽，全都摆好姿势，准备充分利用这短暂而充足的光。随后，小芽膨胀成一排排直立的新枝，散布在原丝体上。每一个新枝都宛若羽毛，扁扁的，很精巧。柔软的青绿色的叶挺立在那里，就像一片透明的蕨叶林，追踪着阳光的路径。这些枝叶是那么小，不过也已经完全够用了。

　　关于这种苔藓的知识对我来说是一份宝贵的礼物，我总是很小心、很理智地分享。我的老师，一位老教授，知道我已经注定要成为一个苔藓植物学家，于是在退休前向我展示了这份礼物。我不会随便给谁看这份礼物。拥有了这些知识的我还真是傲慢，只肯告诉那些证明了自己对此十分感激、值得这份礼物的人。其实我并不担心他们把这份礼物看得过于珍贵而据为己有，我真正担心的是，他们不够珍惜它。所以我把那块金子藏起来，我想我要保护它，让它不因某些人的失敬而受到伤害，对那些人来说，它的微小光芒还不够。

　　耐心的闪烁终于让光藓获得了足够的能量来繁衍一个大家庭。在洞穴内壁上凝结的水分中，精子盲目地游动，直到找到接纳它的卵子，于是一个孢子体诞生了。从薄膜般的植株基部，伸出小小的孢蒴，在微风中播撒它的孢子。我猜想光藓的后代经常逃不出纹风不动的洞穴，但光藓居群还是在整个湖岸都有分布。它们通过某种方式找到了离开的办法，到其他像这样的特别的栖息地安家。这是一件好事，因为一个湖岸洞穴是不会永远存在的。

光藓

　　　　　　　　　　　　　　　　　苔藓森林

我的两个女儿慢慢长大，有了更想做的事，不再跟我在日落的时候去岸边闲逛。没有她们在身边，我也越来越少去看那些洞穴了。我忙着干别的事，比如在家挂窗帘。就在挂上窗帘的那一年，那些闪亮的苔藓消失了。一天晚上，我自己在湖岸散步，我看到光藓生活的岸边塌陷了，洞穴被自身的重量压垮，洞口合上了。我想这只是时间和侵蚀作用带来的不可避免的结果。但对此我是疑惑的。

　　一位奥农达加族长老曾经对我说，植物来到我们身边，是因为它们被我们需要。如果我们能通过使用它们，通过感激它们的天赋来表达敬畏，它们就会生长得更加繁茂。只要被敬畏，它们就会一直和我们在一起。但如果我们忘记了它们，它们就会离去。

　　挂窗帘就是一个错误。就好像在表示，太阳、星星和一种会闪光的苔藓还不足以让我们的住处像一个家。窗帘画蛇添足地在那里摇摆，这是对敬畏自然的背弃，是对在窗外等待的阳光和空气的羞辱。我不走到外面去，反而把专制之物请来家里，任它让我变得容易忘记，忘记了所有我需要的已经都在这里了：屋外下着的雨，屋内生起的火。光藓就不会犯同样的错。然而一切都太晚了，洞穴已经塌了。我把窗帘扔进了炉子，让它们从烟囱升上天空，飘向闪闪的星星。

　　那天晚上晚些时候，当火焰熄灭，窗帘化为灰烬，月光洒进我的窗户，我开始想关于光藓的各种问题。反射而来的月光也能让光藓闪耀吗？每年有多少天，光藓可以依靠太阳和自己湖边的洞口齐平来获取能量？光藓能依靠日出时的光在对岸生长吗？或许只有在我们这一侧的岸边，风会带起湖水蚀刻出洞穴，阳光得以在岩石间找到一条直接的通路。这些让光藓得以存在的种种环境因素的组合如此难得，以至于光藓比金子还要珍贵得多。存在，就是"哥布林的金子"，否则便什么都没有。它的存在不光有赖于洞穴与太阳之间偶然相合的角度，还有很多其他因素。假如西岸的小山高了哪怕一点点，太阳就会在照到洞穴前隐没不见。要不是这样一个小小的偶然，就不会有闪闪发亮的光藓。而且只有靠稳定的西风不断吹打湖岸，才会有光藓生活的洞穴。光藓的生命和我们的生命能够存在，仅仅是因为无数的不约而同，让我们在一个特别的时刻来到一个特别的地方。为了回报这样一份馈赠，唯一合情合理的回应就是，让自己的生命也闪亮起来。

苔藓森林

致谢

　　我要感谢很多可爱的人，他们在我创作这本书的过程中给予了无私的帮助。感谢我的父亲罗伯特·沃尔（Robert Wall），他花了大量时间观察苔藓，并不吝绘画才能，绘制了精美的插图。能和他一起工作我很开心。我还要感谢伟大的苔藓学家、已故的霍华德·克拉姆（Howard Crum），我得到授权，在书中使用了他的插图。他的文字和画作将苔藓介绍给了无数读者。感谢帕特·缪尔（Pat Muir）和布鲁斯·麦丘恩（Bruce McCune）的款待和鼓励，感谢克里斯·安德森（Chris Anderson）和唐·安青格（Dawn Anzinger）通读书稿，感谢美国国家科学基金会（National Science Foundation）和俄勒冈州立大学（Oregon State University），没有他们的支持，我不可能在休假期间写成这本书。也非常感谢俄勒冈州立大学的玛丽·伊丽莎白（Mary Elizabeth）和乔·亚历山大（Jo Alexander）给我的建议和支持。我还要感谢审稿人贾尼斯·格利梅（Janice Glime）和卡里恩·斯特金（Kareen Sturgeon），以及我在纽约州立大学环境科学与林学院（SUNY College of Environmental Science and

　　　　　　　　　　　　　　　　　　　　　　　　苔藓森林

Forestry）开设的苔藓生态学（Bryophyte Ecology）课上的同学们，还有很多提供意见和支持的朋友，你们都给了我非常有益的帮助。最重要的是，我非常幸运地拥有一个充满爱的大家庭，在这个温暖的港湾里，好的事情总会不断发生。感谢我的母亲从最开始就听我讲我写下的文字，并为我创造美好的写作环境；感谢我的父亲带我走进树林和田野；感谢我的兄弟姐妹一直给我鼓励。感谢杰夫相信我所走过的每一步。我还要特别感谢我的女儿林登和拉金，她们给了我最真诚、最慷慨的支持，她们也是我灵感的来源。

书中插图的出处：

以下页面中的插图来自霍华德·克拉姆的《五大湖森林中的藓类植物》（*Mosses of the Great Lakes Forest*），由权利方授权使用：39，60，62，64，150，184，186，193，213。

其他插图均由罗伯特·沃尔绘制。[1]

1　中文版 29、30 页图由王霖仿绘，文前彩图由张力提供，38 页图由梁阿喜提供。——编者注

延伸阅读

关于苔藓生物学

Bates, J. W., and A. M. Farmer, eds. 1992. *Bryophytes and Lichens in a Changing Environment*. Clarendon Press.

Bland, J. 1971. *Forests of Lilliput*. Prentice Hall.

Grout, A. J. 1903. *Mosses with Hand-lens and Microscope*. Mount Pleasant Press.

Malcolm, B., and N. Malcolm. 2000. *Mosses and Other Bryophytes: An Illustrated Glossary*. Micro-optics Press.

Schenk, G. 1999. *Moss Gardening*. Timber Press.

Schofield, W. B. 2001. *Introduction to Bryology*. The Blackburn Press.

Shaw, A. J., and B. Goffinet. 2000. *Bryophyte Biology*. Cambridge University Press.

Smith, A. J. E., ed. 1982. *Bryophyte Ecology*. Chapman and Hall.

关于苔藓鉴定

Conard, H. S. 1979. *How to Know the Mosses and Liverworts*. McGraw-Hill.

Crum, H. A. 1973. *Mosses of the Great Lakes Forest*. University of Michigan Herbarium.

Crum, H. A., and L. E. Anderson. 1981. *Mosses of Eastern North America*. Columbia University Press.

Lawton, Elva. 1971. *Moss Flora of the Pacific Northwest*. The Hattori

Botanical Laboratory.

McQueen, C. B. 1990. *Field Guide to the Peat Mosses of Boreal North America.* University Press of New England.

Schofield, W. B. 1992. *Some Common Mosses of British Columbia.* Royal British Columbia Museum.

Vitt, D. H., et al. 1988. *Mosses, Lichens and Ferns of Northwest North America.* Lone Pine Publishing.

其他

Alexander, S. J., and R. McLain. 2001. "An overview of non-timber forest products in the United States today." pp. 59-66 in Emery, M. R., and McLain, R. J. (eds.), *Non-timber Forest Products.* The Haworth Press.

Binckley, D., and R. L. Graham 1981. "Biomass, production and nutrient cycling of mosses in an old-growth Douglas-fir forest." *Ecology* 62:387-389.

Cajete, G. 1994. *Look to the Mountain: An Ecology of Indigenous Education.* Kivaki Press.

Clymo, R. S., and P. M. Hayward. 1982. The ecology of Sphagnum. pp. 229-290 in Smith, A. J. E. (ed.), *Bryophyte Ecology.* Chapman and Hall.

Cobb R. C., Nadkarni, N. M., Ramsey, G. A., and Svobada, A. J. 2001. "Recolonization of bigleaf maple branches by epiphytic bryophytes following experimental disturbance." *Canadian Journal of Botany* 79:1-8.

DeLach, A. B., and R. W. Kimmerer 2002. "Bryophyte facilitation of vegetation establishment on iron mine tailings in the Adirondack Mountains." *The Bryologist* 105:249-255.

Dickson, J. H. 1997. "The moss from the Iceman's colon." *Journal of Bryology* 19:449-451.

Gerson, Uri. 1982. "Bryophytes and invertebrates." Pp. 291-332 in Smith, A. J. E. (ed.), *Bryophyte Ecology.* Chapman and Hall.

Glime, J. M. 2001. "The role of bryophytes in temperate forest ecosystems." *Hikobia* 13: 267-289.

Glime, J. M., and R. E. Keen. 1984. "The importance of bryophytes in a man-centered world." *Journal of the Hattori Botanical Laboratory* 55:133-146.

Gunther, Erna. 1973. *Ethnobotany of Western Washington: The Knowledge and Use of Indigenous Plants by Native Americans.* University of Washington Press.

Kimmerer, R. W. 1991a. "Reproductive ecology of *Tetraphis pellucida*: differential fitness of sexual and asexual propagules." *The Bryologist* 94(3):284-288.

Kimmerer, R. W. 1991b. "Reproductive ecology of *Tetraphis pellucida*: population density and reproductive mode." *The Bryologist* 94(3):255-260.

Kimmerer, R. W. 1993. "Disturbance and dominance in *Tetraphis pellucida*: a model of disturbance frequency and reproductive mode." *The Bryologist* 96(1)73-79.

Kimmerer, R. W. 1994. "Ecological consequences of sexual vs. asexual reproduction in *Dicranum flagellare*." *The Bryologist* 97:20-25.

Kimmerer, R. W., and T. F. H. Allen. 1982. "The role of disturbance in the pattern of riparian bryophyte community." *American Midland Naturalist* 107:37-42.

Kimmerer, R. W., and M. J. L. Driscoll. 2001. "Moss species richness on insular boulder habitats: the effect of area, isolation and microsite diversity." *The Bryologist* 103(4):748-756.

Kimmerer, R. W., and C. C. Young. 1995. "The role of slugs in dispersal of the asexual propagules of *Dicranum flagellare*." *The Bryologist* 98:149-153.

Kimmerer, R. W., and C. C. Young. 1996. "Effect of gap size and regeneration niche on species coexistence in bryophyte communities." *Bulletin of the Torrey Botanical Club* 123:16-24.

Larson, D. W., and J.T. Lundholm. 2002. "The puzzling implication of the urban cliff hypothesis for restoration ecology." *Society for Ecological*

Restoration News 15:1.

Marino, P. C. 1988 "Coexistence on divided habitats: Mosses in the family Splachnaceae." *Annals Zoologici Fennici* 25:89-98.

Marles, R. J., C. Clavelle, L. Monteleone, N. Tays, and D. Burns. 2000. *Aboriginal Plant Use in Canada's Northwest Boreal Forest.* UBC Press.

O'Neill, K. P. 2000. "Role of bryophyte dominated ecosystems in the global carbon budget." pp 344-368 in Shaw, A. J., and B. Goffinet (eds.), *Bryophyte Biology.* Cambridge University Press.

Peck, J. E. 1997. "Commercial moss harvest in northwestern Oregon: describing the epiphytic communities." *Northwest Science* 71:186-195.

Peck, J. E., and B. McCune 1998. "Commercial moss harvest in northwestern Oregon: biomass and accumulation of epiphytes." *Biological Conservation* 86: 209-305.

Peschel, K., and L. A. Middleman. *Puhpohwee for the People: A Narrative Account of Some Uses of Fungi among the Anishinaabeg.* Educational Studies Press.

Rao, D. N. 1982. Responses of bryophytes to air pollution. pp 445-472 in Smith, A. J. E. (ed.), *Bryophyte Ecology.* Chapman and Hall.

Vitt, D. H. 2000. "Peatlands: ecosystems dominated by bryophytes." pp 312-343 in Shaw, A. J., and B. Goffinet eds. *Bryophyte Biology.* Cambridge University Press.

Vitt, D. H., and N. G. Slack. 1984. "Niche diversification of Sphagnum in relation to environmental factors in northern Minnesota peatlands." *Canadian Journal of Botany* 62:1409-1430.

苔藓名称索引

按照中文名称的拼音首字母排序，属名以 * 标记。

译后记

从看见微小开始爱生命

　　周日下午出门的时候，已经四点多了。等到了森林公园，太阳已经斜得很厉害。进入 12 月，太阳落山基本在 5 点半到 6 点之间。我们赶在最后的时刻出发，就想去草地上、阳光下打个盹睡一觉，哪怕就一会儿，也能修复一下匆碌的身心。山猪说，在家里睡觉总觉得懒，在大自然里睡觉就神清气爽。

　　可是到了才忽然意识到，这个时候的太阳跑得太快了。阳光每时每刻都在增大倾斜的角度，刚刚选好的阳光草地才躺下没几分钟，就觉得身上凉飕飕，睁眼一看，阳光早就跑到我们前头去了。于是又爬起来，兜着野餐垫去追阳光。追来追去，阳光不是趴在石头上，就是挂在布告栏上，附近适合躺下来的地方只有周围是车道的环岛了，上面阳光还不错，草地也平整。好在森林公园里车、人都少，即便我们"登岛"小憩，也不会受到太多注目。我们躺在最后的阳光里，仰望着头顶上方特别漂亮的棕榈科树木的叶子，深感得到了大自然的眷顾。那巨大

　　　　　　　　　　　　　　　　　　　苔藓森林

的羽状复叶太美了，映在背后的蓝天上。回来一查，才知道环岛上的树是董棕——国家二级保护植物、IUCN易危植物——身边随处都是珍贵的金子啊。但凡跟自然亲近，就会有惊奇的发现。

　　阳光最终被地平线上的树木拦住，离开了低处的草地，只在远远的山腰上亮着。我忽然想起基默尔笔下的光藓——"哥布林的金子"，一种美丽的、精细的，小心翼翼嗅探着阳光的苔藓，是苔藓中极简派的代表，是微小之中的微小。它不光没有根，连茎叶都省略了，一切简化成生命最原初的样子：一层细胞。它就像一条条丝线，当中排列着一个个亮晶晶的细胞。光藓仅靠着夏季傍晚那近乎一瞬的光线，积蓄能量，努力生长。"忽然间，太阳光刺破了洞穴中的黑暗，就像夏至日黎明时分有一束光从缝隙里照进一座印加神庙。精准把握时机就是光藓全部的秘密。就在那短短的几分钟里，就在地球带着我们转入黑夜前的那个停顿里，洞穴里溢满了光。"就在那个时刻，当太阳斜成特定的角度，奇妙的偶然性发生了，且这偶然便是一个生命得以存在的必要甚至充分条件。大自然有多少奇迹啊！正如作者所说，能看到"哥布林的金子"是自然的恩赐，而我们能回馈的，只有像光藓一样，努力珍惜每一天。

　　在翻译这本书之前，我从未想过苔藓如此美丽。我对苔藓的印象似乎一直很模糊。童年玩耍的胡同里，地上磨得发亮的卵石间，还有胡同两侧邻里的山墙上，常常长着绿绿的"青苔"——我们都这么叫，摸上去软软的、湿湿的，有时黏黏的、

译后记　　　　　　　　　　　　　　　　　　　253

滑滑的，还能轻易地一块一块抠下来。那时候觉得这东西不怎么可爱，不像狗尾巴草和苦荬菜那样清清爽爽地生长，却总是躲在阴湿的旮旯里，跟"昏暗""发霉"这样的词联系在一起。把一撮"青苔"拿在手里，总觉得里头会有什么咬人的小虫子，所以拿了没一会儿，猛地一扬手就丢出去了。"青苔"的印象就这么一直种下了。直到动笔翻译这本书，我才开始真正认识苔藓。它们是干净的水、空气和阳光的孩子，是古老时间的秘密。想来童年看到的"青苔"里，物种应该丰富得很，有藻类，有地衣，有包含苔类、藓类、角苔类的苔藓，黏糊糊的感觉大概多是藻类和苔类的贡献。

　　非专业读者不需要细究苔藓植物的具体分类，日常话语中也很少用到"藓类"这样的表述。这本书中讨论的苔藓其实大多是藓类（moss），涉及少数苔类（liverwort），不过即便在英文中，moss 这个词也既可以特指藓类植物，又可以指称广泛意义上的苔藓植物，所以考虑到阅读的顺畅，我在翻译时没有对 moss 这个词做过多学术意义上的区分，绝大多数情况都直接译作"苔藓"；个别地方译作"藓类"，是由于具体语境中有明确意指，需要和"苔类"做对比或区分。另外，当需要明确指称苔藓植物整个门类时，作者通常会用 bryophytes，译文中译作"苔藓植物"。以上译法看起来有些绕，但请放心阅读，在具体语境中不会有理解上的混淆。

　　开始翻译这本书没多久，我就有了惊喜的发现。我家单元门旁边的草地背阴，大部分时间晒不到太阳。老远看过去，是一片含混的不均匀的绿，不像草的感觉，倒像是被"青苔"殖民了，给人一种"垂死草坪"的感觉。可现在我知道这是怎么回事了。凑到跟前看，那些含混的绿可不正是苔藓，不光数量多，每一株都长得茂盛。我立刻就高兴起来——这是家门口的"苔藓花园"呢！作者基默尔就在书中讲了这样一个故事：一位城市住户打电话给她，说苔藓把他家草坪都杀死了，他要除掉草坪里的苔藓（那片草坪在房子北面的一片树荫下）。基默尔回答说："苔藓是不会杀死草的。它们根本就没有能力凌驾在草之上。……除掉苔藓完全不会帮助生病的草重新振作。正确的方法是增加光照，甚至更好的办法是，拔掉残存的草，让大自然为你建一座一流的苔藓花园。""苔藓花园"！真是浪漫的表达！日复一日经过楼下的草坪，如果不是知道了苔藓的存在，我应该也会抱怨物业疏于打理吧。现在，我反倒担心物业哪天来拾掇草坪，徒劳地杀死苔藓。

　　苔藓很小，小得不可能打败一棵草，它是最小的高等植物。但它又很强大，很智慧，它无处不在。它懂得和人类共生，它在城市里也能处处扎根。路面的缝隙里，背阴的墙根，下水道旁边，行道树的树皮上，到处都是苔藓的身影。我们走在路上，却不知道脚下有很多长好了孢子的苔藓，孢子会粘在鞋底，被我们带到别的道路、别的城市。我们甚至可以在家里和苔藓亲密接触，阳台上的花盆里就有它们的踪迹。它们是乘着风来到我们眼前的，微小的孢子散播在空气里，每日每夜地悬浮、飘游，寻找落脚的地方。我们看不见孢子，但可以看见晶莹柔嫩的孢子体。有一次我和山猪在楼下飞纸飞机，飞机完成漂亮的滑行，稳稳地扎在了草地上。去拔飞机的时候，我第一次看到那么多的孢子体，纤细的蒴柄举着椭圆的孢蒴，孢蒴尖端突出去一个小小的喙，个个笔挺又饱满，氤着水雾，绿得发亮，好像一群伸着细长脖子的绿色鹳鸟。后来，我在阳台花盆里也有同样的发现。

从那一次相见之后，我开始处处都能看见了。看见，是一种需要提醒自己去调动的能力。以前，我的视野可以囊括野花野草，现在，我能看到更微小的生命了。

我们需要一些省悟和训练去学会看见，以及提升看见的能力。够幸运的话，我们可能还有些天赋能力。对我来说，童年长在农村的土地，不可磨灭的乡野记忆大概在心里种下了很深的自然情结。离开故乡去北京读大学，也只是地理上的迁移，亲近自然的愿望从来没有变。基默尔的自然情结异常深厚，她是五大湖区印第安部落的后裔，她所属的波塔瓦托米熊族掌握着丰富的本土药学知识。投身苔藓植物学研究后，她的野外研究地点也一直在五大湖区附近和纽约州东北部的阿迪朗达克荒野。当她进入现代教育体系的大学，开始接受科学训练，传统知识与科学知识之间的张力清晰地呈现在她面前。自然是什么？它是我们栖居的环境，我们的家，与我们人类一体共生；但同时，它又是生产资料的供应者，科学研究的对象或者说"客体"。在自然面前，人类是臣服者，又是凌驾者。

基默尔的研究工作是带着这个问题进行的，也在研究过程中不断解决或是解构这个问题。在研究四齿藓的繁殖策略时，她丢下湿度表、照度表、酸碱度计，重新从苔藓的视角来思考问题，试着让苔藓"自己讲述自己的故事"。在传统部落中，孩子就是从每一个成员身上慢慢学习的，知识不是有求必应、有问必答的，不是直接索取的，而是要通过耐心观察、经历，等待知识显现。基默尔用几年的时间，跟踪观察几百万株小小的苔藓，写满一个又一个笔记本，直到这时，四齿藓才终于开始讲述它的故事，一个奇妙、复杂但趣味盎然、饱含智慧的故事。

基默尔的研究让我感到惊喜和兴奋，科学实验并不必然冰冷无情，把对象视作与自己毫无关系的客体。我们与自然是联结一体的。我们可以尝试用自然的语言和自然沟通，我们不要剖析和窥探，而是要像认识一个新朋友一样去了解对方。当我们想要做的事情是"了解"而不是单纯达到某种目的，我们就放下了以自我为中心的骄傲，也远离了这种思维模式可能带来的危害。

书中一项项研究、一个个故事渐次展开，有丰富的研究方法，有的方法有效又好笑；有严谨的思维逻辑，不辞劳苦地考虑每一个可能对实验结果产生干扰的因素；还有创造力，科学研究总是需要一点创造力的！你可以为蛞蝓设计一个专属跑道，可以去地毯店挑选你的"实验材料"。这是我心目中做科研、做学术的样子了，每一次野外考察都是一个故事，故事里融合着热情、耐心和谦卑的态度。我相信在我们国家，有意思的科研故事也会越来越多，期待这样的故事能被不断书写和呈现。

译后记

翻译这本书，花了一年多的时间。我还记得刚开始遇到一个个陌生的苔藓拉丁学名的慌乱，生怕无法胜任，耽误了一本好书的出版。我自己也是编辑，深知翻译对一本书的成就或者摧毁。于是立刻买来一本本工具书，信心也渐渐回转，可以一步步走进苔藓的世界了。工具书里对我帮助最大的就是《苔藓名词及名称（新版）》（吴鹏程、汪楣芝、贾渝编著，2016年），书中苔藓的译名绝大部分出于此。当我译完基默尔描绘"苔藓彩帛铺"的那一段，我忽然觉得自己和苔藓算是正式认识了："凑近一根长满苔藓的倒木仔细观察，我总会觉得仿佛走进了一家美妙的织物店——窗户里流溢出丰富的质地和色彩，邀你走近一些，再走近一些，好一睹店里陈列着的一匹匹布料。你可以用手指滑过一匹丝滑的棉藓布帘，或是抚摸泛着光泽的小锦藓锦缎。还有深色的曲尾藓蓬蓬羊毛毯、金色的青藓床单和闪闪发光的提灯藓丝带。具凹凸感的褐色草藓呢中，织着很多细湿藓的镀金丝线。"最令人雀跃的是，在之后的周末出行中，我所看到的那些苔藓，它们的美丽，文字还是无法描绘万一。

感谢基默尔的这部作品，它为我打开了广阔的、与我们的生活交织的苔藓世界，也让我在做童书编辑五年之后重新燃起对博物学文化、科学史的研究热情。感谢"自然文库"的策划编辑余节弘老师，我读书时就听闻他的姓名，现在能翻译文库中的图书，仿佛一个心愿开花结果。感谢责任编辑张璇，她耐心地陪伴和鼓励，细致地编辑书稿，纠正了不少错误，让我不光在翻译工作上收获很大，也从编辑同行身上学到很多经验。

感谢苔藓学家张力老师，他审校的书稿令我大受震动，不光详细指出了译稿中许多错漏之处，还针对语句表达提出润色的建议，态度之严谨让我深感敬佩。感谢小熊师姐，她翻译的《看不见的森林》一直是我的榜样。感谢我的老师田松老师和刘华杰老师，没有他们当年的引领，我不会对博物学文化产生深入的兴趣。感谢父母默默地支持，时不时的问候和鼓励让我心中温暖。还要感谢山猪，开始翻译此书的时候还是我的男朋友，翻译完成的时候已经升任丈夫，谢谢你陪伴我度过很多个埋头翻译的夜晚，又和我一起走出门去，发现奇妙的大自然。

基默尔作为一位资深苔藓植物学家，写作有章法，有力量，语言生动流畅，还带着许多小幽默，希望读者从译文中也能读出文学的美感。整本书译完之后，我在网上预订了台版，45 天的漫长等待后，终于拿在手里。台版译文虽与大陆语言习惯差异较大，但颇具风格，有些地方采取巧妙的意译，简洁雅致。一些我最初翻译时未能十分理解的地方，也从中获得不少启发。译事艰辛，是用时间和恒心结晶的成果。然而即便再三勘察，错误依然极易发生，如果你在阅读时发现，还请不吝赐教。

这本书里的故事还有太多，苔藓世界的奇妙更是无限丰富，希望你读了这本书能感到愉悦，赞叹苔藓的美丽，并迫不及待地走出门，去认识这些小小的可爱的朋友。

孙才真

2022 年 5 月

自 然 文 库
N a t u r e
S e r i e s

图书在版编目（CIP）数据

苔藓森林 /（美）罗宾·沃尔·基默尔著; 孙才真译 . —北京：商务印书馆，2023（2024.10 重印）
（自然文库）
ISBN 978-7-100-22082-8

Ⅰ . ①苔… Ⅱ . ①罗… ②孙… Ⅲ . ①苔藓植物—普及读物 Ⅳ . ① Q949.35-49

中国国家版本馆 CIP 数据核字（2023）第 042617 号

自然文库
苔藓森林
〔美〕罗宾·沃尔·基默尔 著

孙才真 译
张力 审订

商 务 印 书 馆 出 版
（北京王府井大街36号 邮政编码100710）
商 务 印 书 馆 发 行
北京新华印刷有限公司印刷
ISBN 978 - 7 - 100 - 22082 - 8

2023 年 7 月第 1 版 开本 880 × 1230 1/32
2024 年 10 月北京第 4 次印刷 印张 8¹⁄₂ 插页 10
定价：49.00 元